新型职业农民科技培训教材

测土配方施肥实用技术

主　　编　陈　琦
副 主 编　陈庆瑞
参编人员　陈　琦　陈庆瑞　刘兴万
黄耀蓉　曾祥忠　冯文强
马红菊　张建华　张洪恩
苟　曦　阳路芳　喻　华
陈　琨　罗洪华　郭艳玲
李　浩　易礼军

电子科技大学出版社

图书在版编目（CIP）数据

测土配方施肥实用技术 / 《新型职业农民科技培训教材》编委会编. -- 成都 : 电子科技大学出版社, 2012.8（2023.10 重印）
新型职业农民科技培训教材
ISBN 978-7-5647-0654-8

Ⅰ. ①测… Ⅱ. ①新… Ⅲ. ①土壤肥力－测定－技术培训－教材②施肥－配方－技术培训－教材 Ⅳ.①S158.2 ②S147.2

中国版本图书馆 CIP 数据核字(2012)第 193758 号

新型职业农民科技培训教材
测土配方施肥实用技术
《新型职业农民科技培训教材》编委会 编

出　　版：电子科技大学出版社（成都市一环路东一段 159 号电子信息产业大厦　邮编：610051）
策划编辑：辜守义
责任编辑：辜守义
主　　页：www.uestcp.com.cn
电子邮箱：uestcp@uestcp.com.cn
发　　行：新华书店经销
印　　刷：郫县犀浦印刷厂
成品尺寸：130mm×195mm　印张 7.5　字数 160 千字
版　　次：2012 年 8 月第一版
印　　次：2023 年 10 月第八次印刷
书　　号：ISBN 978-7-5647-0654-8
定　　价：13.80 元

◆ 本社发行部电话：028-83202463；本社邮购电话：028-83201495。
◆ 本书如有缺页、破损、装订错误，请寄回印刷厂调换。

新 型 职 业 农 民 科 技 培 训 教 材

编委会

编者的话

为贯彻落实中央1号文件和全国农业科技教育工作会议精神，加快培育新型职业农民，推进现代农业发展，保障国家粮食安全和主要农产品有效供给，“以传播农业知识，提高农民素质，促进农业生产，增加农民收入”为宗旨，我们组织有关职业技术院校的涉农专业教师和长期从事农业技术推广工作的资深专家，编写了这套具有较强针对性和实用性，又便于农民朋友学习、提高的培训教材，供各地开展新型职业农民培训时选用。

该套教材采用了国家最新标准、法定计量单位和最新名词、术语，并注重行业针对性和实用性，力求做到内容浅显易懂、图文并茂，让农民朋友易于学习、掌握。该套教材共涵盖种植、养殖、加工、农产品安全等四个大类，共20多种，是目前国内同类教材中最新的一套培训系列教材。

由于编写时间较为仓促，教材中难免存在不足和错误，诚望各位专家和广大读者批评指正。

《新型职业农民科技培训教材》编委会

2012年7月

目　录

第一章　测土配方施肥技术基础 1
第一节　测土配方施肥技术概况 1
第二节　测土配方施肥的基本内容 4
第三节　测土配方施肥技术的推广 19

第二章　肥料基础知识 24
第一节　常用肥料的特性和用法 24
第二节　肥料配方设计 37
第三节　肥料市场知识 44
第四节　不合理施肥造成的主要危害 47

第三章　主要粮油作物施肥实用技术 50
第一节　小麦施肥实用技术 50
第二节　水稻施肥实用技术 61
第三节　玉米施肥实用技术 69
第四节　马铃薯施肥实用技术 80
第五节　油菜施肥实用技术 87
第六节　青稞施肥实用技术 96

第四章　主要蔬菜施肥实用技术 100
第一节　根叶类蔬菜施肥实用技术 100

第二节 茄果类蔬菜施肥实用技术 107
第三节 其他蔬菜施肥实用技术 122

第五章 其他特色作物施肥实用技术 132

第一节 柑橘施肥实用技术 132
第二节 茶叶施肥实用技术 160
第三节 蚕桑施肥实用技术 183
第四节 烟草施肥实用技术 190
第五节 特色水果施肥实用技术 199
第六节 特色中药材施肥实用技术 222

参考文献 230

第一章

测土配方施肥技术基础

第一节 测土配方施肥技术概况

四川是一个农业大省，也是一个肥料消费大省。据统计，2011 年全省化肥施用量达到 251.2 万吨（折纯）。测土配方施肥是我国施肥技术上的一次重大革命，是以土壤测试和田间试验为基础，根据作物需肥规律、土壤供肥性能和肥料效应，在合理施用有机肥料的基础上，提出氮、磷、钾及中、微量元素等肥料的施用品种、数量、施肥时期和施用方法，包括五个核心环节（测土、配方、配肥、供应、施肥指导）和九项重点内容（土壤测试、田间试验、配方设计、校正试验、配肥加工、示范推广、宣传培训、效果评价、技术创新）。通过测土配方施肥可实现农作物增产，提高农产品品质，降低生产成本，减轻农业面源污染，培肥耕地土壤。在实施测土配方施肥之前，全省施肥经历了三个明显阶段：第一是施用农家肥阶段。四川农民历来有施用农家肥的传统习惯。20 世纪 30 年代中期前，通过种、养、积、造等途径，增施人畜粪尿、厩肥等农家肥，提高作物产量。第二是引进施用化肥阶段。1938 年四川省着手化肥试验，开始摸索化肥施用技术；20 世纪 50 年代初开始先后推广氮肥、磷肥；70 年代中期在少数缺钾土壤上施用钾肥，全省农作物因施用化肥产量大幅度提高。第三是针对性补施微肥阶段。1978 年开展农作物缺素症状的诊断、防治以及经济施用技术的研究，经过试验示范，在粮经作物上收到明显的增产效果。1982 年开始针对性推广锌、硼、钼、锰等微量元素肥料，解决了水稻坐蔸、玉米花叶白苗、油菜花而不实、小麦花叶缩苗、果树落花落果等问题。

20 世纪 80 年代以来，随着氮肥用量的不断增加，有机肥施用量逐渐减少，氮、磷、钾施肥比例失调，单位化肥的增产效果渐渐下降。经过化肥效应和化肥区划协作研究，全省建立了对不同土壤稻麦油的施肥模式，为科学施肥提供了依据。1984 年，配方施肥被作为粮食增产的重大措施在全省开始示范推广。全省在认真总结十多年推广配方施肥经验教训的基础上，于 1997 年开始探索“测、配、产、供、施”一条服务试点，并取得了成功，得到农业部、财政部的充分肯定，有力推动了全国测土配方施肥补贴项目的立项和启动，开启了科学施肥的新阶段。自 2005 年以来，连续 7 年将测土配方施肥作为重大农业科技措施写入中央 1 号文件，在农业部、财政部的大力支持下，全省开始实施测土配方施肥补贴项目，各级党委、政府高度重视，成立了领导小组和技术小组，落实工作经费，纳入绩效考核。省委常委、副省长钟勉明确批示：“测土配方施肥关系农业生产全局，影响长远，是基础性战略工程，要扎实、持续抓好。”省农业厅把测土配方施肥技术作为重要增产措施和主推技术加以推广。通过示范带动、示范县创建、普及行动、整建制推进、农企合作，建设“五有”（有包片领导、有指导专家、有示范户、有对比田、有标示牌）示范区、“四有”（有标志牌、有明白人、有示范田、有施肥档案）示范户，集中打造了一批百吨村、千吨乡、万吨县配方施肥应用典型，大力推广测土配方施肥技术。项目县（实施单位）由最初的 18 个发展到 141 个，涉及 174 个县（市、区）。2009 年实现农业县全覆盖，近 7 年累计投入近 4 亿元。近年测土配方施肥工作重心逐步由基础工作转移到推广应用，应用范围上由粮食油料作物为主逐步转移到粮经园艺作物并重，推进方式上由发放施肥建议卡为主逐步转移到配方肥料的推广上，形成了政府推动、部门联动、“三农”互动、示范带动等四个工作运行机制，探索出“测配产供施”一条龙服务、连锁店配送服务、配肥站个性化配肥服务、合作社统配统供服务、项目资金补贴引导等五个测土配方施肥技术入户到田模式，2005～2011 年全省共采集化验土壤和植株样品 79.99 万个，完成农户施肥调查 10.28 万户，开展田间试验 6607 个，研制肥料配方 989 个，发放施肥建议卡 8307 万份，建立了配方肥销售网点以及县级测土配方施肥数据库和县域耕地资源管理信息系统，推广测土配方施肥技术 2998 万公顷（1 公顷等于 10 000 平方米。下同），其中配方肥面积 1304 万公顷，涉及水稻、玉米、小麦、马铃薯、油菜等粮食油料作物和蔬菜、烟草、药材、果树、茶叶等经济园艺作物，覆盖 4.27 万个村、2069 万农户。项目区实施效果显著，农作物增产 5%～7%，肥料利用率提高 3 个以上百分点，每亩减少不合理施肥 1.3kg（折纯），节本增收 30 元以上，为四川近年来粮食总产量“五连增”、油菜子总产量连续 10 年创新高作出了积极贡献。

第二节 测土配方施肥的基本内容

测土配方施肥的基本内容包括以下方面。

一、测土配方施肥的目标

测土配方施肥对促进我省粮食增产、农业增效、农民增收具有十分重要的意义和作用。测土配方施肥是一项科学性、应用性很强的农业科学技术，它能达到五方面的目标：一是增产目标，即通过测土配方施肥措施使作物单产水平在原有基础上有所提高，在当前生产条件下，能最大限度地上挥作物的生产潜能；二是优质目标，即通过测土配方施肥能均衡作物营养，使作物在农产品质量上得到改善；三是高效目标，即做到合理施肥、养分配比平衡、分配科学，提高肥料利用率，降低生产成本，增加施肥效益；四是生态目标，即通过测土配方施肥，减少肥料的挥发、流失等浪费，减轻地下水硝酸盐的积累和面源污染，从而保护农业生态环境；五是改土目标，即通过有机肥和化肥的配合施用，实现耕地养分的投入产出平衡，在逐年提高单产的同时，使土壤肥力得到不断提高，达到培肥土壤、提高耕地综合生产能力的目的。

二、测土配方施肥的原则

一是化肥与有机肥料相结合。实施配方施肥必须以有机肥料为基础。土壤有机质是土壤肥沃程度的重要指标。增施有机肥料可以增加土壤有机质含量，改善土壤理化生物性状，提高土壤保水保肥能力，增加土壤微生物的活性，促进化肥利用率的提高。因此，必须坚持多种形式的有机肥料投入才能够培肥地力，实现农业可持续发展。

二是大量元素肥料与中微量元素肥料相结合。各种营养元素的配合施用是测土配方施肥的重要内容，随着产量的不断提高，在耕地高度集约利用的情况下，氮肥、磷肥、钾肥施用比例要合理，并针对性地补施必要的微、中量元素肥料，才能获得高产稳产。

三是用地与养地相结合。要使作物—土壤—肥料形成物质和能量的良性循环，必须坚持用养结合，投入产出相平衡。破坏或消耗了土壤肥力，就意味着降低了农业再生产的能力。

三、测土配方施肥重点技术环节

正确认识测土配方施肥技术环节和工作内容，对于开展测土配方施肥具有积极的作用。测土配方施肥有五个核心环节、九项重点内容。五个环节是测土、配方、配肥、供应、施肥指导，九项重点内容包括：

（一）田间试验

田间试验是获得各种作物最佳施肥量、施肥时期、施肥方法的根本途径，也是筛选、验证土壤养分测试技术、建立施肥指标体系的基本环节。通过田间试验，掌握各个施肥单元不同作物优化施肥量，基、追肥分配比例，施肥时期和施肥方法；摸清土壤养分校正系数、土壤供肥量、农作物需肥参数和肥料利用率等基本参数；构建作物施肥模型，为施肥分区和肥料配方提供依据。

（二）土壤测试

土壤测试是制定肥料配方的重要依据之一，随着我省现代农业产业基地建设的强劲推进，种植业结构不断调整，高产作物品种不断涌现，施肥结构和数量发生了很大变化，土壤养分库也发生了明显改变。通过开展土壤氮、磷、钾及中、微量元素养分测试，了解土壤供肥能力状况。

（三）配方设计

肥料配方设计是测土配方施肥工作的核心。通过总结田间试验、土壤养分数据等，划分不同区域施肥分区；同时，根据气候、地貌、土壤、耕作制度等相似性和差异性，结合专家经验，提出不同作物的施肥配方。

（四）校正试验

为保证肥料配方的准确性，最大限度地减少配方肥料批量生产和大面积应用的风险，在每个施肥分区单元设置配方施肥、农户习惯施肥、空白施肥 3 个处理，以当地主要作物及主栽品种为研究对象，对比配方施肥的增产效果，校验施肥参数，验证并完善肥料施用配方，改进测土配方施肥技术参数。

（五）配方加工

配方落实到农户田间是提高和普及测土配方施肥技术的最关键环节。目前我省有多种推广模式，“市场化运作、工厂化加工、网络化经营”的推广路子适应我省农村农民科技水平低、土地经营规模小、技物分离的现状。

（六）示范推广

为促进测土配方施肥技术能够落实到田间地头，既要解决测土配方施肥技术市场化运作的问题，又要让广大农民亲眼看到实际效果，这是限制测土配方施肥技术推广的“瓶颈”。建立测土配方施肥示范区，培育示范户，为农民创建窗口，树立样板，全面展示测土配方施肥技术效果。将测土配方施肥技术物化成产品，打破技术推广“最后一公里”的“坚冰”。

（七）宣传培训

测土配方施肥技术宣传培训是提高农民科学施肥意识、普及技术的重要手段。农民是测土配方施肥技术的最终实践者，迫切需要向农民传授科学施肥方法和模式；同时还要加强对各级技术人员、肥料生产企业、肥料经销商的系统培训，逐步建立技术人员的肥料经销持证上岗制度。

（八）效果评价

农民是测土配方施肥技术的最终执行者和落实者，也是最终受益者。及时获得农民的反馈信息以检验测土配方施肥的实际效果，不断完善管理体系、技术体系和服务体系；同时，为科学地评价测土配方施肥的实际效果，相关部门必须对一定的区域进行动态调查。

（九）技术创新

技术创新是保证测土配方施肥工作长效性的科技支撑。重点开展田间试验方法、土壤养分测试技术、肥料配制方法、数据处理方法等方面的创新研究工作，不断提升测土配方施肥技术水平。

四、肥料效应田间试验

（一）试验设计

肥料效应田间试验设计取决于研究目的。本书推荐采用“3414” 设计方案,在具体实验过程中可根据研究目的采用“3414”完全实施方案和部分实施方案。

1．“3414”完全实施方案

“3414”设计方案吸收了回归最优设计处理少、效率高的优点，是目前国内外应用得较为广泛的肥料效应田间试验方案。“3414”是指氮、磷、钾3个因素、4个水平、14个处理。4个水平的含义：0水平指不施肥，2水平指当地最佳施肥量的近似值，1水平＝2水平×0.5，3水平＝2水平×1.5（该水平为过量施肥水平），见表1-1。

表1-1 “3414”试验方案处理（推荐方案）

试验编号	处理	N	P	K
1	$N_0P_0K_0$	0	0	0
2	$N_0P_2K_2$	0	2	2
3	$N_1P_2K_2$	1	2	2
4	$N_2P_0K_2$	2	0	2
5	$N_2P_1K_2$	2	1	2
6	$N_2P_2K_2$	2	2	2
7	$N_2P_3K_2$	2	3	2
8	$N_2P_2K_0$	2	2	0
9	$N_2P_2K_1$	2	2	1
10	$N_2P_2K_3$	2	2	3
11	$N_3P_2K_2$	3	2	2
12	$N_1P_1K_2$	1	1	2

（续表）

试验编号	处理	N	P	K
13	$N_1P_2K_1$	1	2	1
14	$N_2P_1K_1$	2	1	1

该方案除了可应用 14 个处理，进行氮、磷、钾三元二次效应方程的拟合以外，还可分别进行氮、磷、钾中任意二元或一元效应方程的拟合。

例如：进行氮、磷二元效应方案拟合时，可选用处理 2～7、11、12 模式，可求得在以 K_2 水平为基础的氮、磷二元二次效应方程；选用处理 2、3、6、11 模式可求得在 P_2K_2 水平的基础的氮肥效应方程；选用处理 4、5、6、7 模式可求得在 N_2K_2 水平为基础的磷肥效应方程；选用处理 6、8、9、10 模式可求得在 N_2P_2 水平为基础的钾肥效应方程。此处，通过处理 1，可以获得基础地力产量，即空白区产量。

2．“3414”的部分实施方案

要试验氮磷钾某一个或两个养分的效应，或因其他原因无法实施“3414”的完全实施方案，可在“3414”方案中选择相关处理，即为“3414”的部分实施方案。这样既保持了测土配方施肥田间实验总体设计的完整性，又兼顾不同区域土壤养分的特点和不同试验目的的具体要求，满足不同层次的需要。如有些区域重点要检验氮、磷效果，可在 K_2 做肥底的基础上进行氮、磷二元肥料效应试验，但应设置 3 次重复。具体处理及其与“3414”方案处理编号对应列于表 1-2 中。

表 1-2 氮磷二元二次肥料试验设计与“3414”方案处理编号对应

“3414”方案处理编号	处理	N	P	K
1	$N_0P_0K_0$	0	0	0
2	$N_0P_2K_2$	0	2	2
3	$N_1P_2K_2$	1	2	2
4	$N_2P_0K_2$	2	0	2
5	$N_2P_1K_2$	2	1	2
6	$N_2P_2K_2$	2	2	2
7	$N_2P_3K_2$	2	3	2
11	$N_3P_2K_2$	3	2	2
12	$N_1P_1K_2$	1	1	2

上述方案也可分别建立氮、磷一元效应方程。

在肥料试验中，为了取得土壤养分供应量、作物吸收养分量、土壤养分丰缺指标等参数，一般把试验设计为 5 个处理：无肥区（CK）、氮磷钾区（NPK）、无氮区（PK）、无磷区（NK）和无钾区（NP）。这 5 个处理分别是“3414”完全实施方案中的处理 1、6、2、4 和 8 模式。如要获得有机肥料的效应，可增加有机肥处理区（M）；检验某种中（微）量元素的效应，在NPK基础上，进行加与不加该中（微）量元素处理的比较。试验要求测试土壤养分和植株养分含量，进行考种和计产。设计中，氮、磷、钾、有机肥用量应接近效应函数计算的最高产量施肥量或用其他方法推荐的合理用量（见表1-3）。

表1-3 常规5处理与“3414”方案处理编号对应

	“3414”方案处理编号	处理	N	P	K
无肥区	1	$N_0P_0K_0$	0	0	0
无氮区	2	$N_0P_2K_2$	0	2	2
无磷区	4	$N_2P_0K_2$	2	0	2
无钾区	8	$N_2P_2K_0$	2	2	0
氮磷钾区	6	$N_2P_2K_2$	2	2	2

（二）试验实施

1．试验地选择

试验地应选择地块平坦、整齐、均匀，具有代表性的不同肥力水平的地块。试验地应选择坡度平缓、肥力差异较小的田块，应避开道路、堆肥场所等特殊的地块。

2．试验作物品种选择

田间试验应明确所用的作物品种，一般应选择当地主栽作物品种或拟推广的品种。

3．试验准备

试验准备包括整地、设置保护行、试验地区划；小区单灌单排，避免串灌串排；试验前多点采集土壤样品。依测试项目的不同，分别制备新鲜或风干混合土样。

4．试验重复与小区排列

为保证试验精度，减少人为因素、土壤肥力和气候因素的影响，田间试验一般设 3～4 个重复区（或组）。采用随机区组排列，区组内土壤、地形等条件应相对一致，区组间允许有差异。

小区面积：大田作物和露地蔬菜作物小区面积一般为 20～50m^2，密植作物可小些，中耕作物可大些；小区宽度，密植作物不小于 3m，中耕作物不小于 4m。蔬菜作物一般 20～30m^2，至少 5 行。多年生果树类选择土壤肥力差异小的地块和树龄相同、株形和产量相对一致的单株成年果树进行试验，每个处理不少于 4 株。

五、田间基本情况调查

（一）调查目的

测土配方施肥是一项技术性很强的工作，配方设计和校验除了依靠肥料试验和测土结果之处，还需要参考测土样点土壤性状、前茬作物种类、施肥水平和栽培管理等信息。因此，在田间取样的同时，要求进行田间基本情况调查。

（二）调查内容

在田间取样的同时，调查田间基本情况。主要调查记录内容包括：取样地块土壤基本性状、前茬作物种类、产量水平和施肥水平等。

（三）调查方法

土壤基本性状由取样人员现场调查，利用 GPS 记录该地块地理坐标，同时判断土壤类型、土壤质地、灌排能力、地形部位和土层厚度等，确定土壤障碍因素与土壤肥力水平；前茬作物的种类、产量、施肥和灌水情况，询问陪同取样调查的村组人员和地块所属农户。

（四）调查数据的统计和利用

调查结果的统计和汇总与利用数据的目的密切相关，这些数据可以作为配方设计的参考指标，也可以作为了解土地常规施肥的基础数据。

1. 作为地块分区依据

当在一个地区调查多个样本时，为了提高配方效率，往往需要制定分区配方。分区时，除了用到养分测定数据，还需要考虑土壤类型、土壤质地、地形、肥力和产量水平等因素。田块基本情况调查表就成为这些数据的来源，也是必不可少的信息。

2. 作为地块配方设计的参考

在采用基于田块的肥料配方设计方法进行田块配方施肥推荐时，除了依据测土结果外，还需要参考田块土壤性状、产量水平、管理措施等信息，对推荐参数或推荐结果进行修正。如可以参考调查的产量水平来确定目标产量，可以根据土类和土壤质地对养分丰缺指标进行调整，也可以根据地块基本情况选用合适的肥料函数。

3. 作为当地常规施肥状况评价的依据

了解当地常规施肥状况，评价肥料投入的合理性是测土配方施肥工作中不可或缺的内容，这项工作需要本项调查的数据。当调查大量样点时，可以根据各种作物的肥料投入差误进行统计分析，如计算当地各种作物常规平均施肥量、选择常用的肥料品种和施肥方式，以及与配方施肥推荐方案相比存在的主要问题；也可以通过地块和区域的差异，找出最需要关注的地方作为配方施肥的重点工作区域。

对一种作物来说，其施肥状况应包括氮磷钾及中、微量元素用量、比例，底肥和追肥比例，主要肥料品种，有机肥用量，有机无机比例等方面，根据地块基本情况调查表中的施肥数据来分析具体作物的施肥状况。一般需要计算平均数、农户样本分布等。平均数反映了当地的习惯施肥水平，可以从总体上看出当地施肥数量水平。农户样本分布反映了农户施肥的差异程度，可以看出农户施肥合理与否。

（1）氮磷钾用量

首先将各农户（或地块）同一种作物上的各种肥料的实物量折纯（每种肥料的数量分别乘以其氮磷钾含量），将这种作物的所有肥料的氮磷钾折纯量加和，然后除以该农户（或地块）这种作物的播种面积，即可计算出该户（或地块）在这一作物上氮磷钾的平均施肥量。对各个农户施肥量逐个检查，剔除异常数据后，再将该地区所有农户和平均施肥量再平均，即得到该地区这种作物的平均施肥量。对所有农户平均施肥量进行分组，计算各组样本数，可得样本分布表和图。对计算的平均施肥量进行评价，如可以将实际施肥量与田间试验的合理施肥量进行比较，由此确定施肥是否过量或不足。

（2）氮磷钾比例

根据上述的氮磷钾用量，就可以计算出各种作物的氮磷钾比例。

（3）有机无机比例

将有机肥折纯，分别计算有机肥和无机肥氮磷钾的平均用量，然后进行比较即可。

（4）施肥时期和底、追肥比例

在计算各种作物施肥量时，可以分别计算底肥和追肥的氮磷钾平均用量，然后分析底追比例的合理程度。

（5）肥料品种

各农户的肥料用量可以不折算成纯养分，而直接计算每一肥料品种的平均用量、施用面积比例等参数，然后进行评价。

六、样品采集

（一）土壤样品采集

土壤样品采集应具有代表性，并根据不同分析项目选择相应的采样和处理方法。

1．采样单元

采样前要详细了解采样地区的土壤类型、肥力等级和地形等因素，将测土配方施肥区域划分为若干个采样单元，每个采样单元的土壤要尽可能均匀一致。

每个采样单元一般为 100～200 亩（1 亩约等于 667m^2，下同），平原或平坝区、大田作物每 100～500 亩采一个混合样；丘陵区、大田园艺作物每 30～80 亩采一个混合样。为便于田间示范追踪和施肥分区，采样集中在位于每个采样单元相对中心位置的典型地块，面积为 1 亩以上。当土壤和作物田间变异很大时，可适当缩小采样单元。

2．采样时间

在大春作物收获后、小春作物播种施肥前采集；果园在果品采摘后第一次施肥前采集。进行氮肥追肥推荐时，应在追肥前或作物生长的关键时期采集。

3．采样周期

同一采样单元，无机氮每季或每年采集 1 次，或进行植株氮营养快速诊断；土壤有效磷、速效钾每 3 年采集 1 次，中、微量元素每 5 年采集 1 次。

4．采样点定位

采样点参考县级土壤图，采用 GPS 定位，记录经纬度，精确到 0.1。

5．采样深度

采样深度一般为 0～20cm；果园为 0～40cm，分 0～20cm、20～40cm 两层采集。

土壤硝态氮或无机氮含量测定时，采样深度应根据不同作物、不同生育期的主要根系分布深度来确定。

6．采样点数量

要保证足够的采样点，使之能代表采样单元的土壤特性。每个样品采样点的多少，取决于采样单元的大小、土壤肥力的一致性等，一般 7～20 个点为宜。

7．采样路线

采样时应沿着一定的线路，按照“随机”“等量”和“多点混合”的原则进行采样。一般采用“S”形布点采样，能够较好地克服耕作、施肥等所造成的误差。在地形变化小、地力较均匀、采样单元面积较小的情况下，也可采用梅花形布点取样，要避开路边、田埂、沟边、肥堆等特殊位置。

8．采样方法

每个采样点的取土深度及采样量应均匀一致，土样上层与下层的比例要相同。取样器应垂直于地面入土，深度相同。用取土铲取样应先铲出一个耕层断面，再平行于断面下铲取土。测定微量元素的样品必须用不锈钢取土器采样。

9. 样品量

一个混合土样以取土 1kg 左右为宜（用于推荐施肥的取 0.5kg，用于试验的取 2kg）。如果一个混合样品的数量太大，可用四分法将多余的土壤弃去。方法是将采集的土壤样品放在盘子里或塑料布上，弄碎、混匀，铺成四方形，画出对角线将土样分成四份，把对角的两份分别合并成一份，保留一份，弃去一份。如果所得的样品依然很多，可再用四分法处理，直至所需数量为止。

10. 样品标记

采集的样品放入统一的样品袋，用铅笔写好标签，内外各一张。

（二）植物样品采集

1. 采样要求

植物样品分析的可靠性受样品数量、采集分析部位的影响，因此，采样应具有：

（1）代表性：采集样品能符合群体情况，采样量一般为 1kg。

（2）典型性：采样的部位能反映所要了解的情况。

（3）适时性：根据研究目的，在不同生长发育阶段，定期采样。粮食作物一般在成熟后收获前采集籽实部分及秸秆；发生偶然污染事故时，在田间完整地采集整株植株样品；水果及其他植株样品应根据研究目的确定采样要求。

2. 采样前的准备工作

选择具有采样经验，明确采样方法和要领，对采样区域农业环境情况熟悉的技术人员负责采样；同时要备有采样区域的地形图、土壤分布图、污染源分布图、粮食作物分布图、交通行政图等，准备采样工具、采样袋（布袋、纸袋和塑料袋）、采样记录等。

进行野外实地考察，调查各种环境因素，核实合理布点。发现问题立即纠正并绘制校点分布图，制定采样计划。

3. 样品采集

（1）粮食作物

由于粮食作物生长的不均一性，一般采用多点取样，避开田边 2m，按梅花形（适用于采样单元面积小的情况）或“S”形采样法采样。在采样区内采取 10 个样点的样品组成一个混合样。采样量根据检测项目而定，籽实样品一般 1kg 左右，装入纸袋或布袋；要采集完整植株样品可以多采一些，约 2kg 左右，用塑料纸包扎好。

（2）水果样品

在平坦果园里采样时，可采用对角线法布点采样，由采样区的一角向另一角引一对角线，在此线上等距离布设采样点，采样点多少根据采样区域面积、地形及检测目的而定。在山地果园应按不同海拔高度均匀布点，采样点一般不少于 10 个。对于树型较大的果树，采样时应在果树的上、中、下、内、外部及果实着生方位（东南西北）均匀采摘果实 1kg 左右。将各点采摘的果品进行充分混合，按四分法缩分，根据检验项目要求，最后分取所需份数，每份 1kg 左右，分别装入袋内，粘贴标签，扎紧袋口。水果样品采摘时要注意树龄、长势、载果数量等。

（3）蔬菜样品

蔬菜品种繁多，按食用部位（器官）可大致分成叶菜、根菜、茎菜、花菜、果菜五类，按需要确定采样对象。

在菜地采样可按对角线或“S”形法布点，采样点不应少于 10 个，采样量根据样本个体大小而定，一般每个点的采样量不小于 1kg。从多个点采集的蔬菜样，按四分法进行缩分，其中个体大的样本，如大白菜等可纵向对称切成四份或八份，取其两份的方法进行缩分，最后分取三份，每份约 1kg，分别装入塑料袋，粘贴标签，扎紧袋口。

如需用鲜样进行测定，在采样时，最好连根带土一起挖出，用湿布或塑料袋装，防止萎蔫。采集根部样品时，在抖落泥土或洗净泥土过程中应尽量保持根系的完整。

（4）标签内容

采样序号、采样地点、样品名称、作物品种、土壤名称（或当地俗称）、成土母质、地形地势、耕作制度、前茬作物及产量、化肥农药施用情况、灌溉水源、采样点地理位置简图。果树要记载树龄、长势、载果数量等，同时还应标明采样人和采样时间。

第三节　测土配方施肥技术的推广

测土配方施肥技术的推广包括技术普及和配方肥应用。技术普及推广是指通过技术培训、宣传、发放施肥指导意见和施肥建议卡等，让农民掌握科学施肥技术，因土、因作物选肥、配肥、用肥。配方肥是测土配方施肥技术成果的集中体现和物化载体，配方肥的推广应用是实现技术到位的关键措施。

一、测土配方施肥技术推广措施

（一）抓好示范展示与引导

通过建立测土配方施肥技术示范片，让农民亲眼目睹测土配方施肥效果，引导农民自觉运用测土配方施肥技术，促进技术到位率和覆盖率。一是建立示范样板。分别在县、乡、村三级建立测土配方施肥示范区（片、方），培植了一批高效典型和示范样板。示范区做到“五有”：有包片领导、有指导专家、有示范户、有对比田、有标示牌；并做到“四定”：定地、定时、定作物、定化肥量。通过示范片来辐射带动周围区域技术推广。二是扶持技术示范户。以种植大户、科技示范户为重点，利用他们种植面积大、辐射作用广、示范作用强的特点，对他们进行技术培训和现场技术指导，通过示范户的带动作用，提高广大农民推广测土配方施肥技术的积极性。示范户做到“四有”：有标志牌、有明白人、有示范田、有施肥档案。

（二）抓好技术指导服务

采取多种形式开展测土配方施肥技术指导服务，确保技术进村入户。一是对配方肥推广拓宽销售网络。在销售网点派一两名技术人员，采取“坐堂门诊”的服务方式，为农民面对面解决配方肥施用难题，引导农民直接“按方”购肥、施肥。二是对高产创建示范户、果菜标准园、农民专业合作组织和规模化种植基地提供全程个性化测土技术服务，并开展施肥技术指导。三是邀请科研教学等部门专家开展分片指导、分区服务，在小春、大春收获、播栽等关键农时季节，深入田间地头，加强农民配方肥使用现场指导服务，确保农民易学易懂易操作。

（三）开展技术培训

采用电视科普专栏、报纸典型报道、科技赶场、院坝培训等多种形式，广泛开展宣传培训。一是加强对各级技术人员培训，不断规范取土、化验、试验、配方、示范、推广等技术工作，确保数据准确、配方科学。二是抓住农业生产的关键农时季节，对农民开展配方肥田间实际操作技能和肥水管理技术培训，普及测土配方施肥知识，使广大农民充分认识并积极使用配方肥。三是对生产、销售企业人员进行培训，提高企业农化服务质量，规范建立健全生产销售台账，为土壤施肥技术部门提供配方应用状况和效果评价情况，以便今后及时修订配方。

二、配方肥推广应用的主要模式

配方肥是测土配方施肥技术的物化成果，配方肥入户到田是测土配方施肥技术到位的关键指标。针对四川当前农村劳动力不足、施肥水平较低的问题，近年来，各地总结探索出系列配方肥推广应用入户到田模式，促进配方肥的生产供应，切实解决技术到位“最后一公里”问题。

（一）现代连锁配送配方肥入户到田服务模式

该模式是指肥料生产和经销企业通过建立直营店或加盟店等方式，采取连锁经营形式，统一配送配方肥，开展测土配方施肥技术服务。主要特点是：连锁经营，各连锁经营门市统一店牌、统一供肥、统一定价，形成固定的品牌，配方肥中转环节少，价格较便宜；直配到户，利用连锁经营模式建立的配送体系，将配方肥直接供应给农户；服务全面，利用连锁网络，除直送配方肥处，还开展信息咨询、农技服务、金融服务、农产品销售等多种服务。该模式主要是以美丰德科农购网公司、邮政公司为代表，其中美丰德科农购网公司“网上平台、网下实体”的现代连锁配送模式为我省的主推模式。

（二）“测、配、产、供、施”一条龙配方肥入户到田服务模式

该模式是肥料生产企业全程参与测土配方施肥技术的研发、推广，企业改“经营肥料”为“经营技术”，采取“市场化运作、网络化管理、技物化服务”，推动测土配方施肥技术的持续推广应用。该模式主要特点是：一体化服务，肥料生产企业是测土配方施肥技术的推广主体，开展测、配、产、供、施一体化服务；一袋子肥料，按照亩用量设计配制成一袋配方肥，实现技术“傻瓜化”；一小块区域，按土壤类型分区，并结合行政村，给每个推广者划定一小块技术推广服务区域；一站式供肥，在主要场镇建立经营性农业技术推广服务网点，定向供应配方肥到千家万户，降低流通成本。该模式主要以四川台沃、宜宾施利旺等配方肥生产企业为代表。

（三）“配肥站”个性化配方肥入户到田服务模式

该模式是指肥料企业在一定区域利用小型智能化配肥设备建立自动化配肥站，按照农民种植需求，根据施肥专家系统或施肥建议卡提供的配方，现场即时按方配肥供肥，开展个性化施肥服务。该模式主要特点是：针对性强，根据农民个性化地块需求配肥，做到因土因作物施肥；节能环保，减少造粒、烘干等生产过程的能源消耗和环境污染等一系列问题，降低了配方肥生产成本；方便快捷，小型配肥设备安装简单，以单质颗粒肥为原料直接按方配供；农民信赖，现场配肥购肥，原料、

数量和价格清清楚楚，质量有保证。目前，全省已在巴中、遂宁、成都、凉山等市（州）进行示范推广。

（四）“合作社”统配统供配方肥入户到田服务模式

该模式是指以农民专业合作社为主体，对服务区域内种植大户、基地农户等服务对象的用肥需求进行统计，再根据土肥技术部门提供的配方，组织企业生产，统一配送供肥入户到田，并指导按方施肥。该模式的主要特点是：统配统供，在一定区域内实现按需生产、按需供应、总量控制，减少不合理施肥；定向生产，根据服务对象需求，组织配方肥企业统一生产，产品质量有保障；指导到位，专业合作社在服务区域内实行综合技术指导，结合新品种、新技术，开展栽培、施肥和病虫害防治等整套服务，综合效益明显。该模式主要有荣县配方肥专业合作社，长宁县农田托管协会，江油、彭州的蔬菜协会和汉源、盐源的水果协会。

（五）政府主导合力推进配方肥入户到田服务模式。

通过政府主导、部门主推、多方参与、分类指导、示范带动，特别是结合粮棉油高产创建、园艺作物标准园创建等项目的实施，有效提高技术覆盖率和配方肥到位率。该模式主要特点是：项目示范，结合涉农项目安排示范经费，集中开展技术示范展示，推广力度大；定点购肥，采用招标形式认定配方肥生产企业，通过定点销售门市集中供肥；购肥补贴，利用项目整合资金，对农户购买配方肥进行政府补贴，提高农民购买、施用配方肥的积极性。该模式目前为全省主要模式。

第二章

肥料基础知识

第一节 常用肥料的特性和用法

四川是一个氮肥、磷肥生产大省，也是一个用肥大省。农业生产中的主打化肥品种有复混肥料、尿素、碳铵、过磷酸钙，四大肥料占全省总用量的90%以上。此外，农民还要施用粪尿、沼渣沼液、饼肥等农家肥和商品有机肥。不同的肥料有不同的施用方法，这里主要介绍我省常用化肥的特性和用法。

一、主要氮肥品种及使用方法

（一）主要氮肥品种介绍

常用的氮肥品种可分为以下4种类型：

1. 铵态氮肥：如碳酸氢铵、氯化铵、硫酸铵；
2. 硝态铵态氮肥：如硝酸铵、改性硝酸铵、硝酸铵钙；
3. 酰铵态氮肥：如尿素；
4. 氰氨态氮肥：如氰铵化钙。

（二）氮肥的使用方法

1. 根据各种氮肥特性加以区别对待

碳酸氢铵易挥发跑氨，宜作基肥深施；硝态氮肥在土壤中移动性强，肥效快，是旱田的良好追肥；一般水田追肥可用氨态氮肥或尿素；尿素、碳酸氢铵、氰铵化钙等肥料对种子有毒害，不宜做种肥；硫酸铵等尽管可作种肥，但用量不宜过多，并且肥料与种子间最好有土壤隔离；在雨量偏少的干旱地区，硝态氮肥的淋失问题不突出，因此以施用硝态氮肥较适合；在多雨地区或降雨季节，以施用铵态氮肥和尿素较好。

2．氮肥宜深施

氮肥深施可以减少肥料的直接挥发、随水流失、硝化脱氮等方面的损失。深层施肥还有利于根系发育，使根系深扎，扩大营养面积。

3．合理配施其他肥料

氮肥与有机肥配合施用对夺取作物高产、稳产，降低成本具有重要作用，这样做不仅可以更好地满足作物对养分的需要，而且还可以培肥地力。氮肥与磷肥配合施用，可提高氮磷两种养分的利用效果，尤其在肥力较低的土壤上，氮磷肥配合施用效果更好。在有效钾含量不足的土壤上，氮肥与钾肥配合使用，也能提高氮肥的效果。

根据作物的目标产量和土壤的供氮能力，确定氮肥的合理用量，并且合理掌握底肥、追肥比例及施用时期，这要因具体作物而定，并与灌溉、耕作等农艺措施相结合。

（三）常见氮肥使用的注意事项

1. 尿素：尿素是我省市场上的主打氮肥品种，当尿素中缩二脲含量超过 2%时，麦类作物根外追肥易发生毒害，不能叶面喷施。

2. 碳酸氢铵：俗称碳铵，也是我省市场上常见氮肥品种，不能与碱性肥料（如钙镁磷肥、草木灰、石灰等）混合施用，用完一袋再开另一袋，如果一袋没有用完，应扎紧存放。

3．氯化铵：主要作为复混肥料的原料，属于含氯化肥，单独施用应根据作物的土壤氯容量施用，在耐氯力弱的马铃薯、红苕、莴苣、苋菜、烟草、柑橘、浆果、亚麻等作物（150～300mg/kg）上慎用，以免降低作物产量或农产品品质。

4．硝酸铵：有助燃性，储存时不要和易燃物如纸、煤油、稻秆等放在一起，以免发生火灾。为安全起见，一般通过物理方法在硝酸铵中添加含锌、钙、镁、硫、磷等元素的物质，生产改性硝酸铵来代替硝酸铵。

5．硫酸铵：一般作为复混肥料的原料。土壤水分对硫酸铵的施用影响很大，可于旱作施用后及时灌溉或趁雨追施；硫酸铵不宜与碱性肥料（如草木灰，石灰氮）接触或同时施用；在酸性土壤上施用硫酸铵时，要配合施用石灰，但不能混合或同时施用，施用时间以间隔5天为宜。

6．氰铵化钙：又称为石灰氮，施用时应采用防护措施，如戴口罩、眼镜和手套等，以免腐蚀皮肤或落入眼中，施用后必须洗手；不宜与过磷酸钙、硫酸铵等肥料混合施用。

二、主要磷肥品种及使用方法

（一）常用磷肥品种及特性

1．水溶性磷肥：主要有过磷酸钙、重过磷酸钙，适合于各种土壤、各种作物，但最好用于中性和石灰性土壤。

2．枸溶性磷肥。如钙镁磷肥、磷酸氢钙（沉淀磷酸钙）等。这类磷肥不溶于水，但在土壤中被弱酸溶解，被作物吸收利用。而在石灰性碱性土壤中，与土壤中的钙结合，向难溶性磷酸方向转化，降低磷的有效性，因此，适用于在酸性土壤中施用。

3．难溶性磷肥。如磷矿粉等，只溶于强酸不溶于水，施入土壤后，主要靠土壤中的酸使它慢慢溶解，变成作物能利用的形态，肥效很慢，但后效很长。适用于酸性土壤用作基肥，也可与有机肥堆腐或与化学酸性、生理酸性肥料配合施用，效果较好。

（二）磷肥的使用方法

1．根据土壤供磷能力，掌握合理的磷肥用量

土壤有效磷的含量是决定磷肥肥效的主要因素。一般土壤有效磷（P）小于5mg/kg 时，为严重缺磷，氮磷肥施用比例应为 1∶1 左右；有效磷（P）含量在 5～10mg/kg 时，为缺磷，氮磷肥施用比例在 1∶0.5 左右；有效磷（P）含量在 10～15mg/kg 时，为轻度缺磷，可以少施或隔年施用磷肥。当有效磷（P）含量大于 15mg/kg 时，视为暂不缺磷，可以暂不施用磷肥。

2．掌握磷肥在作物轮作中的合理分配

水田轮作时，如稻稻连作，在较缺磷的水田，早、晚稻磷肥的分配比例以 2∶1 为宜；在不太缺磷的水田，磷肥可全部施在早稻上。在水旱轮作时，磷肥应首先施于旱作。在旱地轮作时，由于冬、秋季温度低，土壤磷素释放少，而夏季温度高，土壤磷素释放多，故磷肥应重点用于秋播作物上。如小麦、玉米轮作时，磷肥主要投入在小麦上作基肥，玉米利用其后效。豆科作物与粮食作物轮作时，磷肥重施于豆科作物上，以促进其固氮作用，达到以磷增氮的目的。

3．注意施用方法

旱地可用开沟条施、穴施；水田可用蘸秧根等集中施用的方法。同时注意在作基肥时上下分层施用，以满足作物苗期和中后期对磷的需求。

4．配合施用有机肥、氮肥、钾肥等

与有机肥堆沤后再施用，能显著提高磷肥的肥效。但与氮肥、钾肥等配合施用时，应掌握合理的配比，具体比例要根据对土壤中氮、磷、钾等养分的化验结果及作物的种类来确定。

5．根据肥料特性合理施用磷肥

过磷酸钙和重过磷酸钙由于游离酸含量较多，作种肥时应先与草木灰中和酸性后再施用，否则会发生烂种，影响全苗：不宜与碱性肥料混用，以免降低磷肥的有效性。钙镁磷肥在土中的移动性小，应施用到根系分布最广的土层，以利于作物吸收。

三、主要钾肥品种及使用方法

（一）常用的钾肥品种及特性

常用的钾肥品种有氯化钾、硫酸钾、硫酸钾镁肥、草木灰。目前，我省化学钾肥资源相当有限，主要靠国外进口或省外购进，因此，要把有限的钾肥用在刀刃上。对土壤而言，钾肥优先用在夹关组红紫泥、墙岩群黄红紫泥等土壤，速效钾低于 80mg/kg 的缺钾土壤；对作物而言，钾肥优先用在红苕、甘蔗、杂交水稻等喜钾作物和经济效益较高的经济作物上。

施用钾肥有利于改善农产品品质，特别是在经济作物上表现明显，如施钾可增加烟草叶片的厚度，改善烟叶的燃烧性和香味；降低果树果实的酸度，提高甜度；增加甘蔗、甜菜的含糖量，提高出糖率。因此，施钾要因作物、因土、因种植制度科学施用。氯化钾也属于含氯化肥，施用时要考虑作物的土壤氯容量，在耐氯力弱的作物上慎用，以免影响作物产量或农产品品质。

（二）钾肥的使用方法

1. 因土施用。沙质土速效钾含量往往较低，应增施钾肥；黏质土速效钾含量往往较高，可少施或不施。缺钾又缺硫的土壤可施硫酸钾。

2. 因作物施用。施于喜钾作物如豆科作物、薯类作物、甘蔗、甜菜、棉麻、烟等经济作物，以及禾谷类的玉米、杂交稻等。

在多雨地区或具有灌溉条件、排水状况良好的地区，大多数作物都可施用氯化钾，少数经济作物为改善品质，不宜施用氯化钾。

3. 钾肥轮作上的合理配置。小麦（油菜）—水稻轮作，钾肥优先用在小麦或油菜上，小麦—玉米—红苕轮作，钾肥优先施用于大春作物。

4. 钾肥品种合理搭配。对于烟草、糖类作物、果树应选用硫酸钾；对于纤维作物，氯化钾则比较适宜。由于硫酸钾成本偏高，在高效经济作物上可以选用硫酸钾；而对于一般的大田作物除少数对氯敏感的作物外，则宜施用氯化钾。

5. 配施氮磷化肥。钾肥与其他化肥配合施用，才能充分发挥肥效。在酸性土壤上施用硫酸钾应适当施用石灰或与磷矿粉混合施用。

6. 砂性土壤上施用氯化钾时，应配合施用有机肥料，以提高肥效。

四、主要复混肥料品种及使用方法

（一）常用复混肥料的种类

复混肥料根据氮、磷、钾总养分含量不同，可分为低浓度（总养分25%～30%）、中浓度（总养分30%～40%）和高浓度（总养分≥40%）复混肥。根据制造工艺和加工方法不同，可分为复合肥料、复混肥料和掺混肥料。

1. 复合肥料是指仅仅由化学方法制成的复混肥，含有两种或两种以上元素的肥料。有固定的分子式，具有固定的养分含量和比例。如磷酸一铵、磷酸二铵、磷酸二氢钾、硝酸钾等。

2. 复混肥料是指氮、磷、钾三种养分中，至少有两种养分标明量的肥料，以现成的单质肥料（如尿素、磷酸铵、氯化钾、硫酸钾、硫酸铵、氯化铵等）为原料，辅之以添加物，由化学或物理方法，按一定的比例配制、混合、加工造粒而制成的肥料。目前市场上销售的复混肥料绝大部分都是这类肥料。

3. 掺混肥料又称为BB肥，由两种以上粒径相近的单质肥料或复合肥料为原料，按一定比例，通过简单的机械掺混而成的肥料。

（二）复混肥料的主要特性

1. 复混肥料具有多种营养元素，养分配比比较合理，肥效和利用率都比较高。同一种复合肥的养分比例是固定不变的，复混肥料的化学成分虽不及复合肥料均一，但可根据不同类型土壤的养分状况和作物的需肥特征，配制成系列作物专用肥，针对性强，肥效显著，肥料利用率和经济效益都比较高。

2．复混肥料具有一定的抗压强度和粒度，物理性能好，施用方便。

3．复混肥料养分齐全，可促进土壤养分平衡。农民习惯上多施用单质肥，特别是偏施氮肥，很少施用钾肥，有机肥的施用也越来越少，极易导致土壤养分不平衡。

4．复混肥料有利于施肥技术的普及。通过测土配方施肥技术，将复混肥料通过专用配方肥这一技物结合的载体，真正实现高效施肥、经济施肥、生态施肥、平衡施肥、合理施肥、科学施肥。

复混肥料的缺点：一是所含养分同时施用，有的养分可能与作物最大需肥时期不相吻合，易流失，难以满足作物某一时期对养分的特殊要求；二是养分比例固定的复混肥料，难以同时满足各类土壤和各种作物的要求。

（三）复混肥料的施用方法和注意事项

1．施肥数量

复混肥的施肥量以氮量作为计量依据。复混肥含有多种养分，大都属氮、磷、钾三元型。除用于豆科作物的专用肥以磷、钾肥为主外，都以氮为主要养分，养分比例中均以氮为 1，配以相应的磷、钾养分。对一个地区的某种作物，实际计算施肥量时，可从当地习惯施用的单一氮肥用量换算。施用量按复混肥中氮量计算，还可以比较不同土壤和不同作物的施肥水平。由于复混肥料含有相当数量的磷钾及副成分，施肥量较单一氮肥量更大，每亩用量一般大田作物施用 50kg，经济作物施用 100kg。

2．施肥时期

为使复混肥料中的磷、钾，尤其是磷充分发挥作用，作基肥施用要尽早。一年生作物可结合耕耙施用，多年生作物（例如果树）则较多集中在冬春施用。若将复混肥料做追肥，也要早期施用，或与单一氮肥一起施用。

3．施肥方法

复混肥料一般作为基肥施用。应将肥料施于作物根系分布的土层，使耕作层下部土壤的养分得到较多补充，以促进平衡供肥。随着作物的生长，根系将不断向下部土壤伸展。除少数生长期短的作物外，多数作物中晚期的吸收根系可分布至30～50cm的土层。早期作物以吸收上部耕层养分为主，中晚期从下层吸收较多。因此，对集中作基肥施用的复混肥料分层施肥处理，较一层施用肥效可提高4%～10%。磷酸铵是氮磷二元复合肥料，且磷含量高，在施用时，除豆科作物外，大多数作物直接施用必须配施氮肥，调整氮、磷比例，否则，会造成浪费或由于氮磷施用比例不当引起减产。

五、主要水溶肥料品种及使用方法

（一）常用水溶肥料品种及特性

经水溶解或稀释，用于灌溉施肥、叶面施肥、无土栽培、浸种蘸根等用途的液体回固体肥料。常见的水溶肥料有含氨基酸水溶肥料、含氨基酸水溶肥料、微量元素水溶肥料、大量元素水溶肥料等。

1．含氨基酸水溶肥料：以氨基酸成分为主，与微量元素以游离态或络合态存在，容易被作物吸收利用。多用于根外喷施，需避开花期喷施；也可用于浸种、拌种等；最适宜大棚蔬菜苗期喷施。

2．含氨基酸水溶肥料：一般以腐殖酸铵、腐殖酸磷铵等为原料，与氮磷钾或微量元素复配而成，有固体和液体两种剂型。这种肥料既具有腐殖酸的多种功能，又兼有无机肥的某些作用，提供作物需要的养分，刺激作物生长，提高产量，改善品质，改良土壤。

3. 微量元素水溶肥料：为便于作物叶面对微量元素的吸收利用，通过特殊的化学反应，将微量元素转化为作物易吸收的螯合态养分。目前市场上根据不同地区、不同作物对微量元素的需求不同，复配出通用型或专用型等多种微量元素水溶肥料。

4. 大量元素水溶肥料：以大量元素氮、磷、钾为主要成分，添加适量微量元素或中量元素，具有养分含量高、易溶于水等特点，特别适宜于滴灌、喷灌等设施农业。

（二）常用水溶肥料的主要技术指标

常用水溶肥料的主要技术指标见表 2-1。

表 2-1　常用水溶肥料的主要技术指标

<table>
<tr><th>产品通用名称</th><th>产品执行标准</th><th colspan="2">主要养分含量标准值</th></tr>
<tr><td rowspan="8">含氨基酸水溶肥料</td><td rowspan="8">NY1429</td><td rowspan="4">微量元素型</td><td>≥10.0%（氨基酸含量、固体）</td></tr>
<tr><td>≥2.0%（微量元素总量、固体）</td></tr>
<tr><td>≥100 g/L（氨基酸含量、液体）</td></tr>
<tr><td>≥20 g/L（微量元素总量、液体）</td></tr>
<tr><td rowspan="4">中量元素型</td><td>≥10.0%（氨基酸含量、固体）</td></tr>
<tr><td>≥3.0%（中量元素总量、固体）</td></tr>
<tr><td>≥100 g/L（氨基酸含量、液体）</td></tr>
<tr><td>≥30 g/L（中量元素总量、液体）</td></tr>
</table>

（续表）

产品通用名称	产品执行标准	主要养分含量标准值	
微量元素水溶肥料	NY1428	固体	≥10.0%（微量元素总量）
		液体	≥100 g/L（微量元素总量）
含腐殖酸水溶肥料	NY1106	大量元素型固体	≥3.0%（腐殖酸含量） ≥20.0（大量元素总量）
		大量元素型液体	≥30 g/L（腐殖酸含量） ≥200 g/L （大量元素总量）
		微量元素型	≥3.0%（腐殖酸含量） ≥6.0%（微量元素总量）
大量元素水溶肥料	NY1107	中量元素型	≥50.0%（大量元素总量、固体） ≥1.0%（中量元素总量、固体）
			≥500 g/L（大量元素总量、液体） ≥10 g/L（中量元素总量、液体）
		微量元素型	≥50.0%（大量元素总量、固体） 0.2%～3.0%（微量元素总量、固体）
			≥500 g/L（大量元素总量、液体） 2 g/L～30 g/L（微量元素总量、液体）

（三）常用水溶肥料的使用方法

1. 不同的水溶肥料有不同的使用浓度，不是浓度越高越好。含有营养成分的水溶肥料，使用浓度过高会出现烧苗现象。一方面要根据产品说明书的要求进行浓度配制；另一方面要进行小面积试验，确定有效的施用浓度。另外，在配制叶面肥时应注意将喷雾器洗干净，有些叶面肥可以与农药混合喷施，而有些则要求单独喷施，因此，要首先看清楚说明书上的要求。

2. 不同作物、不同生育期，水溶肥料的使用效果也不一样。有的水溶肥料适合于生育前期喷，有的适合于生育后期喷，有的前后期都要喷。从多数试验结果看，前、中期喷施的效果要好于后期。油菜等作物花蕾期和始花期喷施含硼的微量元素肥料，可防止“花而不实”，提高结荚率。豆科作物在始花期和始荚期喷施钼肥，可增加产量和品质。

3. 不同作物对水溶肥料的反应不同。一般来说，双子叶植物如棉花、甘薯、马铃薯、油菜等叶面较大、角质层较薄，肥液容易渗透进去，因此，这类作物根外追肥的效果较好。单子叶植物（如水稻、小麦、玉米等）叶面较小、角质层较厚，肥液渗透比较困难，叶面肥的增产效果差一些，尤其是水稻最为明显。

4. 水溶肥料溶解的好坏和稀释浓度对喷施效果影响很大。水溶肥料的剂型有两种：固体和液体。特别是固体粉状的水溶肥料溶解得较慢，放入喷雾器中，加水后，要充分搅拌，使它完全溶解后才喷；否则，溶解不完全，一会儿喷的浓度低，一会儿喷的浓度高。浓度低了效果差，浓度高了有时会烧苗。液体肥料在稀释时应严格按照说明书上的要求操作。

5. 喷施水溶肥料时要注意天气、温度和湿度，应尽量使肥液有较长的时间附着在叶面上，供作物充分吸收。应选择在不刮风的天气，日照弱、温度较低时喷，一般在上午9时以前，下午4时以后，水分蒸发减弱，有利于作物吸收。空气湿度大的时候，水溶肥料喷了以后不容易干，作物吸收得好，但下雨之前不要喷，以免喷施后被雨水冲洗掉。

6. 叶部吸收的养分是从叶片角质层和气孔进入，最后通过质膜进入细胞内。因此，喷施水溶肥料时要注意叶片的正反面都要喷到，喷均匀。植株的上、中、下部叶片及茎秆由于新陈代谢活力不同，吸收外界营养的能力也不同，上、中部叶片生命力最旺盛，吸收营养物质的能力也最强，同时，它们的光合作用能力也最强，通过光合作用制造的养分也最多。

7. 叶面施肥与土壤施用有机肥相结合，且注意氮、磷、钾肥配合，将有利于满足作物全生育期多种营养元素的需要，效果会更好。

8. 有些作物对微量元素比较敏感，例如：蚕豆、花生、玉米、高粱、马铃薯、果树对铁敏感；油菜、甜菜、棉花、小麦、烟草、马铃薯、亚麻、结球甘蓝及豆科作物对硼敏感；大豆、花生、豌豆、油菜、苜蓿、紫云英等豆科和十字花科作物对钼敏感；玉米、水稻、亚麻、蓖麻、棉花、甜菜、柑橘、桃、油桐对锌敏感；小麦、燕麦、大麦等禾谷类作物对铜敏感；小麦、燕麦、大麦、玉米、甜菜、油菜、烟草、马铃薯对锰敏感，施用相应微量元素水溶肥料效果明显。

六、其他肥料类型及使用方法

除以上肥料类型外，在农业生产中常见的还有有机肥料、生物有机肥料、有机—无机复混肥料，它们有一个共同特点是富含有机质。

（一）精制有机肥料

有机肥料是指来源于植物或动物，经发酵、腐熟后，施于土壤以提供植物养分为其主要功效的含碳物料。精制有机肥料是指经过工厂化生产，不含特定肥料效应的微生物的商品化的有机肥料，主要提供有机质和少量、大量营养元素养分。有机肥料一般用鸡粪、猪粪、米糠、泥炭在加入腐熟剂后经过一次或多次发酵堆沤，经过风干或烘干后，腐熟程度高，一般作基肥施用，对生长期短的作物如水稻和蔬菜等施用效果较好。

（二）有机无机复混肥料

由有机和无机肥料混合或化合制成，除含有一定比例的有机质外，又含有较高的氮、磷、钾无机养分。

（三）生物有机肥料

指经过工业化生产，含有特定肥料效应微生物的商品有机肥料。除了含有较高有机质外，还含有改善肥料或土壤中养分释放能力的功能性微生物。随着生物技术的发展和突破，生物有机肥料的发展前景看好。

第二节 肥料配方设计

基于田块的肥料配方设计首先确定氮磷钾养分的用量，然后确定相应的肥料组合，通过提供配方肥料或发放配肥通知单，指导农民使用。肥料用量的确定方法主要包括土壤与植株测试推荐施肥方法、肥料效应函数法、土壤养分丰缺指标法和养分平衡法。

一、土壤与植株测试推荐施肥方法

该技术综合了目标产量法、养分丰缺指标法和作物营养诊断法的优点。对于大田作物，在综合考虑有机肥、作物秸秆应用和管理措施的基础上，根据氮磷钾和中、微量元素养分的不同特征，采用不同的养分优化调控与管理策略。其中，氮素推荐根据土壤供氮状况和作物需氮量，进行实时动态监测和精确调控，包括基肥和追肥的调控；中、微量元素采用因缺补缺的矫正施肥策略。该技术包括氮素实时监控、磷钾养分恒量监控和中微量元素养分矫正施肥技术。

（一）氮素实时监控施肥技术

根据目标产量确定作物需氮量，以需氮量的 30%～60% 作为基肥用量。具体基施比例根据土壤全氮含量，同时参照当地丰缺指标来确定，一般在全氮含量偏低时，采用需氮量的 50%～60%作为基肥；在全氮含量居中时，采用需氮量的 40%～50%作为基肥；在全氮含量偏高时，采用需氮量的 30%～40%作为基肥。30%～60%基肥比例可根据上述方法确定，并通过“3414”田间试验进行校验，建立当地不同作物的施肥指标体系。有条件的地区可在播种前对 0～20cm 土壤无机氮（或硝态氮）进行监测，调节基肥用量。

基肥用量（kg/亩）＝

$$\frac{(\text{目标产量需氮量}-\text{土壤无机氮})\times(30\%\sim60\%)}{\text{肥料中养分含量}\times\text{肥料当季利用率}\alpha}$$

其中：

土壤无机氮（kg/亩）＝

土壤无机氮测试值（mg/kg）×0.15×校正系数

氮肥追肥用量推荐以作物关键生育期的营养状况诊断或

土壤硝态氮的测试为依据，这是实现氮肥准确推荐的关键环节，也是控制过量施氮或施氮不足、提高氮肥利用率和减少损失的重要措施。测试项目主要是土壤全氮、土壤硝态氮。此外，小麦可以通过诊断拔尖期茎基部硝酸盐浓度，玉米最新展开叶叶脉中部硝酸盐浓度来了解作物氮素情况，水稻则采用叶色卡或叶绿素仪进行叶色诊断。

（二）磷钾养分恒量监控施肥技术

根据土壤有（速）效磷钾含量水平，以土壤有（速）效磷钾养分不成为实现目标产量的限制因子为前提，通过土壤测试和养分平衡监控，使土壤有（速）效磷钾含量保持在一定范围内。对于磷肥，基本思路是根据土壤有效磷测试结果和养分丰缺指标进行分级，当有效磷水平处在中等偏上时，可以将目标产量需要量（只包括带出田块的收获物）的100%～110%作为当季磷用量；随着有效磷含量的增加，需要减少磷用量，直至不施；须随着有效磷的降低适当增加磷用量，在极缺磷的土壤上，可以施到需要量的150%～200%。在2～3年后再次测土时，根据土壤有效磷和产量的变化再对磷肥用量进行调整。钾肥首先需要确定施用钾肥是否有效，再参照上面方法确定钾肥用量，但需要考虑有机肥的秸秆还田带入的钾量。一般大田作物磷钾肥料全部做基肥。

有（速）效磷钾测试，各地根据具体条件选取下面的一种分析方法：

① 通过浸提剂方法：M3—P、K；

② ASI—P、K；

③ 常规方法：土壤Olsen—P或Brayl—P（酸性土壤）；交换性钾。

（三）中、微量元素养分矫正施肥技术

中、微量元素养分的含量变幅大，作物对其需要量也各不相同。这主要与土壤特性（尤其是母质）、作物种类和产量水平等有关。能过土壤测试评价土壤中、微量元素养分的丰缺状况，进行有针对性的因缺补缺的矫正施肥。

中、微量元素测试，各地根据具体条件选取下面的一种分析方法：

① 通过浸提剂方法：M3—Ca、Mg、Zn、Mn、Cu、Fe、B、Mo；

② ASI—Ca、Mg、Zn、Mn、Cu、Fe、B、Mo；

③ 常规方法：交换性 Ca、Mg；DTPA—Zn、Mn、Cu、Fe，土壤有效硼和钼。

二、肥料效应函数法

根据“3414”方案田间试验结果建立当地主要作物和肥料效应函数，直接获得某一区域、某种作物的氮磷钾肥料的最佳施用量，为肥料配方和施肥推荐提供依据。

三、土壤养分丰缺指标法

通过土壤养分测试结果和田间肥效试验结果，建立不同作物、不同区域的土壤养分丰缺指标，提供肥料配方。

土壤养分丰缺指标田间试验也可以采用“3414”部分实施方案。“3414”方案中的处理 1 为无肥区（CK），处理 6 为氮磷钾区（NPK），处理 2、4、8 为缺素区（即 PK、NK 和 NP）。收获后计算产量，用缺素区产量占全肥区产量百分数即相对产量的高低来表达土壤养分的丰缺情况。相对产量低于 50%的土壤养分为极低；50%～75%为低；75%～95%为中，大于95%为高，从而确定出适用于某一区域、某种作物的土壤养分丰缺指标及对应的施用肥料数量。对该区域其他田块，通过土壤养分测定，就可以了解土壤养分的丰缺状况，提出相应的推荐施肥量。

四、养分平衡法

（一）基本原理与计算方法

根据作物目标产量需肥量与土壤供肥量之差估算目标产量的施肥量，通过施肥补足土壤供应不足的那部分养分。施肥量的计算公式为：

$$施肥量(kg/亩)=\frac{目标产量所需养分总量-土壤供肥量}{肥料中养分含量\times肥料当季利用率}$$

养分平衡法涉及目标产量、作物需肥量、土壤供肥量、肥料利用率和肥料中有效养分含量五大参数。土壤供肥量即为“3414”方案中处理1的作物养分吸收量。目标产量确定后因土壤供肥量的确定方法不同，形成了地力差减法和土壤有效养分校正系数法两种。

地力差减法是根据作物目标产量与基础产量之差来计算施肥量的一种方法。其计算公式为：

$$施肥量(kg/亩)=\frac{(目标产量-基础产量)\times单位经济产量养分吸收量}{肥料中养分含量\times肥料利用率}$$

基础产量即为“3414”方案中处理1的产量。

土壤有效养分校正系数法是通过测定土壤有效养分含量来计算施肥量。其计算公式为：

施肥量(kg/亩)=

$$\frac{\text{作物单位产量养分吸收量}\times\text{目标产量}-\text{土壤测试值}\times 0.15\times\text{有效养分校正系数}}{\text{肥料中养分含量}\times\text{肥料利用率}}$$

（二）有关参数的确定

1. 目标产量

目标产量可采用平均单产法来确定。平均单产法是利用施肥区前 3 年平均单产和年递增率为基础来确定目标产量，其计算公式是：

目标产量（kg）=（1+递增率）×前 3 年平均单产

一般粮食作物的递增率以 10%～15%为宜，露地蔬菜一般为 20%左右，设施蔬菜为 30%左右。

2. 作物需肥量

通过对正常成熟的农作物全株养分的化学分析，测定各种作物百 kg 经济产量所需养分量（常见作物平均百 kg 经济产量吸收的养分量），即可获得作物需肥量。

作物目标产量所需养分量(kg)=

$$\frac{\text{目标产量(kg)}}{100}\times\text{百千克产量所需养分量}$$

3. 土壤供肥量

土壤供肥量可以通过测定基础产量、土壤有效养分校正系数两种方法估算。

通过基础产量估算（处理 1 产量）：不施养分区作物所吸收的养分量作为土壤供肥量。

$$\text{土壤供肥量(kg)}=\frac{\text{不施养分区农作物产量(kg)}}{100}\times\text{百千克产量所需养分量}$$

通过土壤有效养分校正系数估算：将土壤有效养分测定值乘上一个校正系数，以表达土壤“真实”供肥量。该系数称为土壤有效养分校正系数。

$$校正系数(\%)=\frac{缺素区作物地上部分吸收该元素量(kg/亩)}{该元素土壤测定值(mg/kg)\times 0.15}$$

4. 肥料利用率

一般通过差减法来计算：利用施肥区作物吸收的养分量减去不施肥区农作物吸收的养分量，其差值视为肥料供应的养分量，再除以所用肥料养分量就是肥料利用率。

$$肥料利用率(\%)=\frac{施肥区农作物吸收养分量\left(\frac{kg}{亩}\right)-缺素区农作物吸收养分量\left(\frac{kg}{亩}\right)}{肥料施用量\left(\frac{kg}{亩}\right)\times 肥料中养分含量(\%)}\times 100\%$$

上述公式以计算氮肥利用率为例来进一步说明。

施肥区（NPK区）农作物吸收养分量（kg/亩）：“3414”方案中处理6的作物总吸氮量；

缺氮区（PK区）农作物吸收养分量（kg/亩）：“3414”方案中处理2的作物总吸氮量；

肥料施用量（kg/亩）：施用的氮肥肥料用量；

肥料中养分含量(%)：施用的氮肥肥料所标明的含氮量。

如果同时使用了不同品种的氮肥，应计算所用的不同氮肥品种的总氮量。

5. 肥料养分含量

供施肥料包括无机肥料与有机肥料。无机肥料、商品有机肥料含量按其标明量；不明养分含量的有机肥料，其养分含量可参照当地不同类型有机肥养分平均含量而获得。

第三节 肥料市场知识

目前，市场上肥料品种很多，特别是近十年，水溶性肥料、生物肥料等小品种新型肥料层出不穷，包装不规范，真假难辨，损害了农户利益。因此，多了解肥料市场常识，有利于辨假识假，维护自己的合法利益。

一、主要肥料品种包装标识的主要内容

（一）包装标识概念

在包装上用于识别肥料产品及其质量、数量、特征和使用方法所做的各种标示，统称为包装标识。标识可以用文字、符号、图案以及其他说明物等表示。

（二）包装标识应标明的主要内容及要求

产品和包装标明的所有内容，不得以错误的、引起误解或欺骗性的方式描述或介绍产品。所有文字必须是合乎规范的汉字，计量单位应当使用法定计量单位，并在包装上标明。

1. 产品名称：应当使用标明该产品真实属性的专用名称。应使用不会引起用户、消费者误解和混淆的常用名称，产品名称不允许添加带有不实、夸大性质的词语，如“××高效”“××肥王”“全元素××肥料”“生态××”等。

2. 标明编号和证号：产品标准编号、生产许可证（适用于生产许可证管理的肥料）和肥料登记证号。

3. 有效成分的名称和含量标识：

(1)单一肥料的养分含量:应标明单一养分的百分含量，若加入中量元素、微量元素，应按两种类型分别标明各单养分含量及各自相应的总含量，不得将中量元素、微量元素含量与主要养分相加，微量元素含量低于 0.2%或中量元素含量低于 2%的不作含量标明。

(2) 复混肥料（复合肥料）的养分含量：应标明 N、P_2O_5、K_2O 总养分的百分含量，总养分标明值应不低于配合式中单养分标明值之和，不得将其他元素或化合物计入总养分，应以配合式分别标明总氮、五氧化二磷、氧化钾的百分含量。如，30%三元复混肥总养分配合式为（$N-P_2O_5-K_2O$）15-7-8，表示氮为 15%，五氧化二磷为 7%，氧化钾为 8%；25%二元复混肥总养分配合式为（$N-P_2O_5-K_2O$）15-0-10，表示氮为 15%，五氧化二磷为 0，氧化钾为 10%。

(3) 中量元素肥料的养分含量：应分别单独标明中量元素养分含量及中量元素养分含量之和。若加入微量元素，可表明微量元素，不得将微量元素含量与中量元素相加。

(4) 微量元素肥料的养分含量：可分别标出各种微量元素的单一含量及微量元素养分含量之和。

4. 标明生产者名称和地址：必须标明经工商登记依法注册的，能承担产品质量责任生产者的全称和详细地址。

5. 产品合格证、产品使用说明和生产日期。肥料产品应有企业自检的产品合格证（一般放在包装内），对产品应有安全有效的使用时期、使用量和使用方法及有关注意事项。对所生产的产品应有生产日期、生产批号。

二、购买肥料时应注意的内容

（一）检查标志。按国家有关部门规定，化肥包装上必须用汉字注明产品名称、养分含量、净重、生产厂名称、生产厂地址、监制单位、生产许可证号码等标志。如果上述标志没有或者不完整，可能是假化肥或劣质化肥。

（二）检查包装袋封口。对包装袋封口有明显拆封痕迹的化肥要特别注意，这种化肥有可能已掺假。

（三）检查来路。渠道是否来至品牌企业、大中型肥料企业、合法经营企业。

（四）检查经销商的营业执照、税务登记证是否齐全，营业执照中的经营范围是否包括肥料产品，企业生产肥料的相关手续（如肥料登记）是否齐备。

（五）购买肥料后一定要索取发票，注明肥料品种、名称、数量和单价，以便维护自己的合法权益。

三、从外观鉴别真假化肥的方法

（一）包装鉴别法

一是检查标志。国家有关部门规定，化肥包装袋上必须注明产品名称、养分含量、等级、商标、净重、标准代号、厂名、厂址、生产许可证号标识。如果没有上述标志或标识不完整，则可能是假冒或劣质化肥。二是检查包装袋封口。对包装封口有明显拆封痕迹的化肥要特别注意，这种现象有可能掺假。

（二）形状、颜色鉴别法

尿素为白色或淡黄色，呈颗粒状、针状或棱柱状结晶体，无粉末或少有粉末；硫酸铵为白色晶体；氯化铵为白色或淡黄色结晶；碳酸氢铵呈白色或其他染色粉末状或颗粒状结晶，也有个别厂家生产大颗粒扁球状碳酸氢铵；过磷酸钙为灰白色或浅灰色粉末；重过磷酸钙为深灰色、灰白色颗粒或粉末；

硫酸钾为白色晶体或粉末；氯化钾为白色或淡红色颗粒。

（三）气味鉴别法

如果有强烈刺鼻氨味的液体是氨水；有明显刺鼻氨味的颗粒是碳酸氢铵；有酸味的细粉是重过磷酸钙。如果过磷酸钙有很刺鼻的酸味，则说明生产过程中很有可能使用了废硫酸。这种化肥有很大的毒性，极易损伤或烧伤作物，尤其是水稻秧池不能用。需要注意的是，有些化肥虽是真的，但含量很低，如劣质过磷酸钙，有效磷含量低于 8%（最低标准应达 12%），这些化肥属劣质化肥，肥效不大，购买时应请专业人员鉴定。

第四节 不合理施肥造成的主要危害

科学施肥、合理施肥是一门学问。乱施滥用肥料，不但造成资源浪费、污染环境，而且可能产生肥害，影响作物产量和品质。

一、作物肥害的特征

（一）脱水

施化肥过量或土壤过旱，施肥后引起土壤局部浓度过高，导致作物失水并呈萎蔫状态。

（二）灼伤

烈日高温下，施用挥发性强的化肥，如碳铵，会造成作物的叶片或幼嫩组织被灼伤，即常说的烧苗。

（三）中毒

尿素中“缩二脲”成分超过 2%或过磷酸钙中的游离酸含量高于 5%，施入土壤后引起作物的根系中毒腐烂；施用较大量未经充分腐熟的有机肥，因其分解发热并释放甲烷等有害气体，造成对作物种子或根系的毒害。

二、不合理施肥造成的主要危害

（一）过多使用某种营养元素

某种营养元素的过量施用，不仅会对作物产生毒害，还会妨碍作物对营养元素的吸收，引起缺素症。例如，施氮过量会引起缺钙，硝态氮过多会引起缺钼失绿，钾过多会降低钙、镁、硼的有效性，磷过多会降低钙、锌、硼的有效性。

（二）施肥浅或表施

施肥浅造成肥料易挥发、流失或难以达到作物根部，不利于作物吸收，造成肥料利用率低。肥料应施于种子或植株侧下方 16～26 厘米的地方。

（三）鲜人粪尿直接施用于蔬菜

未充分腐熟的畜禽粪便在腐烂过程中，会产生大量

的硫化氢等有害气体，易使蔬菜种子缺氧窒息，并产生大量热量，易使蔬菜种子烧种或发生根腐病，不利于蔬菜萌芽生长。

（四）对叶（茎）菜过多施用氯肥

用氯化铵和氯化钾为原料生产的复混肥料称为双氯复混肥，含氯约 30%，易烧苗，要及时浇水。盐碱地和对氯敏感的作物不能施用含氯肥料。对叶（茎）菜过多施用氯化钾等，不但造成蔬菜不鲜嫩、纤维多，而且使味道变苦，口感差，效益低。尿基复混肥含氮高，缩二脲含氮也略高，易烧苗，

要注意浇水和施肥深度。

三、肥害的主要急救办法

一是有条件的地方给予遮阴；二是先向植株喷水，保持枝叶不萎蔫；三是浇大水，以便肥液排出，一天可洗土2～3次；第四，如果肥害较重，把植株从地里轻轻拔出，把根在清水中浸泡2～3小时，以彻底洗净根部的肥液；第五，把绝大多数叶子剪下，把大部分枝条剪掉，耐修剪的植株多剪，不耐修建的少剪，以减轻植株营养供给负担；第六，如果有烂根，则把烂根剪去，并用高锰酸钾或多菌灵或托布津稀释液洗根部，以消毒灭菌；第七，经济价值高的作物可用经过消毒的素面沙土把植株栽上，用塑料袋罩住以减少水分蒸发，然后置荫处养护，每天揭开塑料袋1～2小时通风防霉。待枝条上出现新的生机，芽儿长势良好时，可把塑料袋去掉，转入正常管理。

第三章
主要粮油作物施肥实用技术

第一节 小麦施肥实用技术

小麦属禾本科小麦属，为一年生或越年生草本植物。小麦是世界上种植面积最大、分布范围最广的粮食作物，是世界 1/3 人口的主粮。我省小麦的播种面积为 130 多万公顷，总产量达 560 多万吨。

一、小麦营养特性

小麦整个生育期分为营养生长和生殖生长两个阶段，出苗、分蘖、拔节为营养生长阶段，幼穗、抽穗、开花、灌浆、成熟为生殖生长阶段。小麦在生长发育过程中，对养分的要求有两个极其重要的时期，即营养的临界期和最大效率期。小麦在营养的临界期，对某种养分的要求绝对数量虽然不多，但敏感而迫切，如果缺少这种养分，生长发育就会受到抑制，即使以后再补充这种养分，也难以弥补其对生长及产量造成的损失。

（一）氮素营养

氮是构成小麦细胞原生质的主要成分，是所有氨基酸、蛋白质的组成成分，也是叶绿素、激素、核酸、酶的重要组成成分。没有氮，小麦就等于没有了维持生命的物质基础。氮素营养往往是反映小麦营养状况的重要指标。小麦氮素的临界期在分蘖期和幼穗分化的四分体期，这两个时期若氮素营养供应不足，就会使分蘖减少，小穗小花数减少，退化的小花数增多，穗粒数明显减少，造成严重的减产。小麦氮素的最大效率期在拔节前至孕穗期，需氮量占整个生育期的37%以上。

（二）磷素营养

磷是小麦细胞核中核酸、核蛋白的主要组成成分并形成磷脂参与细胞膜的构成，它与蛋白质的形成、细胞的分裂、细胞生长有着密切的关系。直接参与呼吸过程，并在光合作用和物质代谢过程中起着重要的作用。磷在植株体内能够自由运转，而且存在于幼龄细胞和生殖器官中的数量较多，可以促进幼苗生长、新根发育和植株体内糖分的积累，加速生长发育进程和生殖器官的形成，磷能促进糖分和蛋白质的正常代谢，使小麦早生早发，促进根系和分蘖发达，增加抗旱、抗寒能力，提早成熟、籽粒饱满、高产、优质。磷与氮是彼此具有相互促进作用的营养元素，磷在植株体内可影响含氮物质的代谢、提高植株组织中蛋白氮的含量，在改善小麦的营养生长方面则能发挥以磷促氮的作用。小麦对磷素敏感。早期的磷素营养对植株及根系生长极为重要，小麦的三叶期为磷素的营养临界期，磷肥可显著增加分蘖与次生根数，提高苗期的抗寒性。小麦拔节孕穗期是吸磷的高峰期，这时磷素供应充足，幼穗发育时间长，小穗数增多，穗大粒多。

（三）钾素营养

钾与氮、磷不同，不直接作为有机化合物的组成成分，是以离子形式被吸收进入小麦体内的，并在体内以钾离子形式存在于小麦植株的茎、叶组织，尤其是大量积聚在新生组织如幼芽、嫩叶、根尖中。钾在植物体内主要是起酶的活化剂的作用，参与多种生理生化反应，促进植株体内碳水化合物的形成与转化，使叶片中的糖分向正在生长的器官输送。对细胞原生质的理化性质和植株的氮素代谢有良好的影响，能够增强植株对氮素的吸收能力。增强小麦抵抗低温、高温和干旱的能力。此外，钾还可以促进纤维管束的发育，使茎秆粗壮坚韧，提高抗倒伏能力。小麦的拔节期为钾素的营养临界期，也是钾的吸收高峰期，拔节孕穗期追施钾肥能增加根量，茎秆粗壮，防止后期叶片早衰，提高籽粒粒重和蛋白质含量。

（四）中量元素营养

钙是植物细胞壁保健层中果胶酸钙的成分，因此，缺钙时，细胞分裂不能进行或不能完成，而形成多核细胞。另外，钙离子对细胞膜的稳定性有重要作用。小麦是以钙离子为吸收形式进入其体内的，钙在植物体内难以移动。

镁以离子状态进入植物体，它在体内一部分形成有机化合物，另一部分仍以离子状态存在。镁是叶绿素的成分，又是多种酶的活化剂，对光合作用有重要作用。

硫是小麦蛋白质的主要组成成分。硫主要是以硫酸根形式进入植物体内的，之后大部分被合成胱氨酸、半胱氨酸和蛋氨酸，还有部分参与调节酶的活性。所以硫与蛋白质、脂肪和碳水化合物的合成密切相关。

（五）微量元素营养

铁、硼、锰、铜、锌、钼、氯七种微量元素虽然在小麦体内含量极微，但是对其生长发育却是不可缺少的，对小麦的新陈代谢、器官的形成、物质的合成和运转等生理过程都有重要作用。

二、小麦需肥规律

小麦整个生育期中需从土壤、空气和水中吸收各种营养元素，包括碳、氢、氧、氮、磷、钾这6种吸收量最多的大量元素；钙、镁、硫等吸收量较多的中量元素；铁、锌、锰、硼、钼、铜、氯等吸收量很少的微量元素。在上述各种元素中，碳、氢、氧主要来自空气和水，一般可以满足作物需求，不需要人为供应；氮、磷、钾主要通过根系从土壤溶液中吸收。每生产100kg小麦籽粒，全生育期需要吸收2.1～3.4kg氮、0.7～1.5kg磷（P_2O_5）和2.0～3.5kg钾（K_2O）。总体上看，小麦吸收氮、磷、钾的比例为2.5∶1∶2.4。由于这三种营养元素作物吸收量大，土壤中的有效贮存量不能满足连年生产的需要，因此必须通过施肥加以补充，所以被称为肥料三要素。

中量元素钙、镁、硫的吸收量一般占小麦干物质总积累量的千分之几，微量元素仅占万分之一以下，小麦对中、微量元素的需求量虽小，但它们对小麦营养生理却起着不可替代、至关重要的作用。在小麦产量水平大幅度提高的情况下，对土壤增施中、微量元素肥料已成为重要的栽培措施。

三、小麦缺素症状及防治措施

由于一些麦田没有进行平衡施肥，造成土壤养分不均衡，在小麦生长期间出现缺素症状。小麦缺素会严重影响其产量和品质，所以一定要正确区分，及时补充所需养分，同时大力提倡测土配方施肥，达到节肥增产的目标。

（一）缺氮

1. 缺氮症状

小麦缺氮，老叶均匀发黄，植株矮小细弱，叶片淡绿，呈直立状，似“马耳形”，叶片由下向上变黄，老叶尖端干枯，逐步发展为基部叶片枯黄，茎有时呈淡紫色，根系色白而细长。严重缺氮时，整株叶片发黄，甚至枯死。

2. 防治措施

小麦苗期缺氮，每亩可追施尿素 10～15kg 或碳酸氢铵 20～30kg 兑清粪水浇施，也可每亩叶面喷施 1%～2%尿素溶液 40～50kg。

（二）缺磷

1. 缺磷症状

小麦缺磷，苗期叶色呈现暗绿色，新叶叶尖呈紫红色，茎基部呈紫红色，分蘖少，麦苗生长缓慢，次生根极少，抽穗扬花时间推迟，穗小，穗上部的小花不孕或空粒，小麦空秕率增加，千粒重下降。

2. 防治措施

小麦苗期缺磷，可开沟或穴施过磷酸钙 30kg/亩；也可每亩叶面喷施含量 5%的过磷酸钙溶液 60kg，7～10 天喷一次，连喷 2～3 次。中后期缺磷，每亩用 0.2%～0.3%的磷酸二氢钾溶液 50kg 叶面喷施，每次间隔 7～10 天，连喷两三次。

（三）缺钾

1. 缺钾症状

小麦缺钾，初期全部叶片呈暗绿色，叶质柔弱并卷曲。之后，下部老叶的叶尖、叶缘先变黄，而后逐渐变褐色，以致哭死，远看似火烧状。严重缺钾时整叶干枯，茎秆纤细柔弱，易倒伏。

2．防治措施

小麦苗期缺钾，可每亩沟施或穴施氯化钾 5kg，也可用草木灰 30～50kg；小麦生长后期缺钾，可每亩叶面喷施 0.2%～0.3%磷酸二氢钾溶液 40～50kg 或 10%草木灰浸出液 60kg，7～10 天喷一次，连喷 2 次。

（四）缺锌

1．缺锌症状

小麦缺锌，苗期叶片失绿，心叶白化，俗称“白化苗”；中后期节间变短，植株矮小，叶小而脆，出现小叶症，中部叶缘过早干裂皱缩，根系变黑，空秕粒多，千粒重低。

2．防治措施

小麦缺锌，可在苗期、拔节期每亩喷 0.2%～0.3%硫酸锌溶液 50～60kg，7～10 天喷一次，连喷 2 次。

（五）缺锰

1．缺锰症状

缺锰的小麦初期叶色褪淡，远看好像缺氮，近看与叶脉平行地出现许多黄白色的细小斑点，逐渐扩大，连接成烫伤状；症状从中上部叶片开始出现。小麦根系不发达，细而短，须根少，有的变褐变黑死亡，生长缓慢，分蘖少，抽穗迟，影响小麦的结实和灌浆。

2．防治措施

在小麦苗期、齐穗期、灌浆期每亩用 0.1%～0.2%的硫酸锰溶液 50～60kg 各喷施一次。

（六）缺钼

1．缺钼症状

小麦缺钼时，叶片会失绿黄化，先从老叶的叶尖开始向叶边缘发展，再由叶缘向内扩展；最初呈斑点状，然后逐步连成线和片，严重时黄化的部分会变成褐色，最后死亡。

2．防治措施

缺钼时可每亩用0.05%～0.1%的钼酸铵溶液50～60kg，在拔节期前后共进行2次叶面喷施。酸性土壤可施用石灰提高土壤pH值，增加钼的有效性。

（七）缺硼

1．缺硼症状

小麦缺硼，植株顶端分生组织死亡，发生顶枯，根尖膨胀变色，麦穗发育不良，花药瘦小，不开裂，不散粉，花药少或畸形，小麦受粉不良，空秕粒多，生育期推迟，有时边抽穗边分蘖，叶梢有时呈紫褐色，“穗而不实”。

2．防治措施

小麦缺硼可每亩叶面喷施0.1%～0.2%硼砂溶液50kg，效果较为显著。

（八）缺钙

1．缺钙症状

小麦缺钙，主要反映在新生叶片上，上部叶片明显缩小，叶脉间黄化，近生长点叶片、叶缘枯死，叶尖常弯曲呈钩状；根系短，分枝多，根尖分泌球状的透明黏液。

2．防治措施

缺钙时可每亩叶面喷施0.3%氯化钙水溶液或1%过磷酸钙浸出液50～60kg，每7～10天喷1次，连喷两三次。

（九）缺铜

1. 缺铜症状

小麦缺铜时，上位叶黄化、变薄、扭曲披垂成顶端黄化病；老叶弯折，叶尖枯萎呈螺旋状，或呈纸捻状卷曲枯死；叶鞘下部现灰白斑，易感染白瘟病。轻度缺铜，穗而不实称“直穗病”，黄熟期病株保绿不退，田间黄绿斑驳。严重时穗发育畸形，芒退化，麦穗大小不一。

2. 防治措施

缺铜的土壤可在底肥中每亩施用硫酸铜 1～2kg。小麦缺铜时，可在分蘖期至孕穗期每亩叶面喷施 0.1%的硫酸铜溶液 50～60kg。

（十）缺镁

1. 缺镁症状

小麦缺镁，下位叶片叶身前端及脉间褪绿，褪绿后残留部分的叶绿体聚集成直径数毫米的小绿斑，相连成串呈念珠状模样，对光观察时较为明显；中下部叶片叶缘组织逐渐失绿变黄，叶脉仍呈现绿色，叶缘向上或向下卷曲，后期叶片常枯萎。

2. 防治措施

缺镁时可亩用 0.3%的硫酸镁水溶液 40kg 进行叶面喷施。

四、小麦施肥技术

（一）施肥原则

根据小麦的需肥特性，在一定产量目标下，根据土壤肥力、气候条件、小麦品种、前茬情况等，确定合理的肥料种类、施肥量、施肥时期、施肥方法，补充小麦生长所需的各种营养元素，以实现优质高产。小麦施肥的基本原则如下。

1．根据土壤性质，选择适宜的肥料品种

在碱性土壤上应选用尿素、碳酸氢铵、硝酸铵、硫酸铵、过磷酸钙等酸性、中性的肥料；而在酸性土壤上应选用尿素、碳酸氢铵、硝酸铵、草木灰、钙镁磷肥等碱性、中性的肥料。

2．重施有机肥，有机无机相结合

我省旱地土壤瘠薄，土壤有机质含量普遍低于 1%，增施有机肥，可提高土壤有机质、培肥土壤，为小麦高产稳产奠定坚实的基础。农家肥施用前需充分腐熟。

3．施足底肥，合理施用追肥

底肥一般为磷、钾肥的全部，总氮量的 50%～80%，余下的做追肥用。底肥以有机肥为主，化肥为辅，追肥则以速效氮肥为主。

4．测土配方，平衡施肥

通过对土壤进行养分分析测定，小麦生产上必须满足其所有养分的需要，土壤中缺什么元素就必须通过施肥来补充什么元素。根据土壤特性、气候特点、栽培习惯、目标产量等，对各种养分的最适施用量、最佳比例进行科学配方，实行平衡施肥，便能达到增产、增收的目的。

（二）施肥技术

1．旱地冬小麦施肥技术

我省旱地播种冬小麦的面积较大，且其中坡耕地占的比例较大。土壤条件差，农业基础设施薄弱，基本无灌溉条件，因此，在小麦生产中，增施肥料，不仅可以改善土壤营养，还可以实现“以肥调水”、提高雨水利用效率的目的。

（1）重施底肥。底肥以有机肥为主，配以氮磷钾化肥。有机肥、磷、钾、微肥全部作底肥，氮肥的 60%～80%作底肥、20%～40%作追肥。用量一般按每亩施用有机肥1500～2000kg、尿素8～10kg、过磷酸钙40～50kg、缺钾地区加氯化钾10～20kg。紫色土地区一般不缺钾，可少施或不施钾肥。在丘陵山区，可采用“底肥一次清”的施肥法，一般亩用有机肥2500～3000kg、尿素13～20kg（或碳酸氢铵40～60kg）、过磷酸钙50kg。在小麦播种时，将所有化肥兑入粪水中施入小麦窝内。

（2）轻施巧施追肥。土壤瘠薄干旱、苗情差、长势弱的麦田，每亩施尿素5～10kg（或碳酸氢铵20～30kg）；土壤条件好、分蘖多、长势旺的麦田，在拔节期每亩施用尿素5～8kg（或碳酸氢铵20～30kg）。注意追肥时间不宜过晚，否则容易引起贪青晚熟。

（3）活用根外追肥。小麦后期发生缺肥现象时，不宜进行土壤追肥，则可采用根外追肥的方法补充营养。缺氮的每亩用1%～2%的尿素溶液40～50kg进行叶面喷施；缺磷、钾的，每亩可用5%的过磷酸钙溶液或0.2%～0.3%的磷酸二氢钾溶液50kg进行叶面喷施。

2．稻茬冬小麦施肥技术

稻茬冬小麦是我省水旱轮作稻区主要的冬季作物，该区域土壤条件较好、肥力水平较高，是我省的高产麦田。

（1）施足底肥。底肥以有机肥为主，配以氮磷钾化肥。有机肥（干粪类）、磷、钾、微肥全部作底肥，氮肥的50%～60%作底肥、40%～50%作追肥。用量一般按每亩施用有机肥1500～2000kg、尿素10kg、过磷酸钙40～50kg、氯化钾10～15kg。紫色土地区一般不缺钾，可少施或不施钾肥。缺乏劳动力的，可采用“底肥一次清”的施肥法，一般亩用有机肥

1500～2000kg、尿素 15～20kg（或碳酸氢铵 40～60kg）、过磷酸钙 40～50kg、氯化钾 10～15kg。在小麦播种时，将所有化肥兑入粪水中施入小麦窝内。

（2）巧施追肥。苗情差、长势弱的麦田，每亩施尿素 10kg 左右；分蘖多、苗情好、长势旺的麦田，在拔节期每亩施用尿素 5～8kg。注意追肥时间不宜过晚，否则容易引起贪青晚熟。

（3）活用根外追肥。参见上述旱地冬小麦施肥技术。

3．稻田保护性耕作冬小麦施肥技术

稻田保护性耕作是近年发展起来的集沃土工程、节水农业、生态保护于一体的稻田耕作新技术。

（1）重施底肥或底肥一次清施肥。播种前 1～2 天，均匀撒施底肥。每亩用尿素 20～25kg、过磷酸钙 50～80kg、氯化钾 15～20kg。播种后，每亩用 30～40 担清粪水泼施在覆盖的稻草上。

（2）看苗追肥。小麦出苗后，若苗情差，在 3 叶期每亩撒施尿素 5～10kg。

（3）活用根外追肥。未追肥的小麦，在孕穗期每亩用 0.2%～0.3%的磷酸二氢钾溶液 100kg 进行叶面喷施。后期发生缺肥现象时，可采用根外追肥的方法补充营养。缺氮的每亩用 1%～2%的尿素溶液 40～50kg 进行叶面喷施；缺磷、钾的，每亩可用 5%的过磷酸钙溶液或 0.2%～0.3%的磷酸二氢钾溶液 50kg 进行叶面喷施。

第二节 水稻施肥实用技术

水稻为一年生禾本科植物，是全球最主要的粮食作物，在世界上 120 个国家和地区广泛种植，目前全世界有一半以上的人口以稻米为主食。我国是世界上最主要的水稻生产国和消费国，其播种面积占世界总面积的 18.9%，稻米产量占世界总产量的 31%。水稻是四川第一大粮食作物，播种面积近 200 万公顷，产量占粮食总产量的 40%以上，对粮食安全具有举足轻重的作用。

一、水稻营养特性

水稻的一生包括营养生长和生殖生长两个阶段。营养生长阶段，是水稻营养体的增长期，它又分为幼苗期和分蘖期。主要是营养体根、茎、叶的生长，并为生殖生长积累养分。该时期以氮素旺盛吸收和同化作用为主导，即以扩大型代谢为主，施肥目标在于促进分蘖，形成壮苗，确保单位面积有足够的穗数。在生产上又分为秧田期和大（本）田期（从移栽返青到拔节）。

生殖生长阶段，以幼穗开始分化作为生殖生长开始的标志，是结实器官的增长期，从幼穗分化到开花结实，又分为长穗期和开花结实期。幼穗分化到抽穗是营养生长和生殖生长并进时期，抽穗后基本上是生殖生长期。长穗期从幼穗分化开始到抽穗止，一般 30 天左右。结实期从抽穗开花到谷粒成熟，一般 25～50 天。生殖生长期主要是生殖器官的形成、长大和开花结实。该时期扩大型代谢逐渐减弱，贮藏型代谢逐渐增强至旺盛，即以碳素同化作用为主，施肥应以促穗大、粒多、粒饱为中心。水稻不同生育期对氮、磷、钾的吸收规律是：分蘖期由于苗小，稻株同化面积小，干物质积累较少，因而吸收养分数量也较少。这一时期，氮的吸收率约占全生育期吸氮量的30%，磷的吸收率为16%～18%，钾的吸收率为20%左右。水稻幼穗分化至抽穗期，叶面积逐渐增大，干物质积累相应增多，是水稻一生中吸收养分数量最多和强度最大时期。此时期吸收氮、磷、钾养分的百分率几乎占水稻全生育期养分吸收总量的一半。水稻抽穗以后直至成熟，由于根系吸收能力减弱，吸收养分的数量显著减少，氮的吸收率为16%～19%，磷的吸收率为24%～36%，钾的吸收率为16%～27%。单季稻由于生育期较长，对氮磷钾三元素的吸收量一般分别在分蘖盛期和幼穗分化后期形成两个吸肥高峰。

二、水稻需肥规律

水稻为了正常生长发育需要吸收各种营养元素，必需的营养元素有16种之多。各种元素有其特殊的功能，不能相互替代，但它们在水稻体内的作用并非孤立，而是通过有机物的形成与转化得到相互联系。水稻生长发育所需的各类营养元素，主要依赖其根系从土壤中吸收。一般来说，每生产100kg稻谷，需从土壤中吸收氮（N）1.7～2.3kg、磷（P_2O_5）0.7～1.0kg、钾（K_2O）2.1～3.7kg，氮、磷、钾的比例为2.3∶1∶3.4。但由于气候条件、品种类型、土壤肥力、施肥和产量水平等不同，水稻对氮、磷、钾的吸收量会有所变化。通常，杂交稻对钾的需求高于常规稻约10%。

（一）氮素营养

氮对水稻的生长发育和高产、稳产起着重要作用。只有氮供应充足时，水稻新根才能生发，分蘖才能正常进行，叶片才能伸长。施用氮肥能提高根系活力，当氮肥施在表层土壤时，能促进水稻上位根活力，虽然能促进分蘖，但下位根重及活力较低，抽穗以后，下位根活力迅速下降，使有效分蘖和每穗颖花数减少，影响产量；当氮肥深施时，虽然能提高下位根系活力，增加每穗花数，但上位根活力低，分蘖少，也影响产量。所以氮肥施用要深浅结合，做到基肥深施，分蘖肥浅施，以促进上位根和下位根的生长并提高其活力，有利于水稻正常生长发育。过量施用氮肥，常导致叶片过于繁茂，下层叶片光照不足，有利于病虫滋生和后期倒伏。

（二）磷素营养

磷是水稻根系生长、分蘖、颖花分化和多种代谢所必需的元素，足量磷能促进体内糖的运输，有利于淀粉合成，加速灌浆结实，有利于提高千粒重和籽粒结实率。但磷肥必须早施，在水稻开花以后追施磷肥会抑制体内淀粉的合成而阻碍籽粒灌浆。

（三）钾素营养

钾能促进水稻光合作用、呼吸作用等多种代谢过程，尤其是施钾能提高水稻对恶劣环境条件的抵抗力，并减少病虫害发生。

（四）中量元素营养

中量元素对水稻的营养作用与小麦一节所述类似，见前。

（五）微量元素营养

铁、硼、锰、铜、锌、钼等微量元素虽然在水稻体内含量极微，但是对其生长发育却是不可缺少的，对水稻的新陈代谢、器官的形成、物质的合成和运转等生理过程都有重要作用。

三、水稻主要缺素症状及防治措施

1．缺氮

（1）缺氮症状。水稻缺氮时，植株瘦小，整株颜色浅，分蘖少，叶片小，叶片呈黄绿色，老叶尖端开始发黄，并向下均匀黄化；后由下部老叶逐渐延及心叶，最后全株叶色黄绿，老叶枯死，分蘖迟而少，株型矮瘦，发根慢；孕穗、抽穗后，叶片提早落黄，后期明显早衰，穗小粒轻，秕粒增多。

（2）防治措施。要施足基肥，并根据水稻品种、土质肥瘦情况及稻苗长势的变化适时适量追施氮肥，做到前期发得起，发而不过头；中期稳得住，稳而不落劲；后期健而壮，青秆黄熟。在稻苗叶色出现不正常退绿发黄时应及时补施适量的速效氮肥，如硫酸铵、碳酸氢铵等，一般每亩追施纯氮2～3kg。

2．缺磷

（1）缺磷症状。水稻缺磷，生长显著缓慢，不分孽或分蘖延迟，叶片细瘦，直立不披，形成僵苗。严重时叶片沿中肋呈卷曲折合状。远看稻苗暗绿中带灰紫色，叶片短，叶鞘长，稻丛成簇状，矮小瘦弱。根系紧缩不散，根多黄褐色，新的白根很少，抽穗和成熟期延迟。

（2）防治措施。磷肥应早施和集中施，效果才会较好。在缺磷的土壤上，底肥中应每亩施用40～50kg过磷酸钙。对于缺磷的水稻苗，可每亩叶面喷施0.2%～0.5%的磷酸二氢钾溶液50～60kg。

3．缺钾

（1）缺钾症状。水稻缺钾时，植株矮小，老叶下垂黄化，心叶窄挺，茎秆细弱，分蘖减少，基部叶片自叶类沿叶缘两侧向叶基逐渐变黄或黄褐色，并产生赤褐或暗褐色大小不等的锈色斑点。最后全株只有少数新叶保持绿色，远看如火烧一般；根系发育停滞，整个根系呈黄褐色，容易产生根腐病。

（2）防治措施。出现缺钾症的稻田，应立即排水晒田，视其严重程度追施钾肥，一般亩用氯化钾 4～6kg 或喷施 1%氯化钾或硫酸钾溶液 40～60kg。但须注意，在缺钾田内不能单纯追施氮肥，否则会加重缺钾。

4．缺锌

（1）缺锌症状。水稻缺锌时，新叶中脉及其两侧叶片基部首先褪绿、黄化，有的连叶鞘脊部也黄化，以后逐渐转变为棕红色条斑，有的出现大量紫褐色小斑，遍布全叶，严重时棕色斑点扩展到叶鞘和茎；植株矮缩，严重时叶枕距平位或错位，老叶叶鞘甚至高于新叶叶鞘，茎节缩短，上下叶鞘重叠，叶枕并列；根系老化，新根少。农民习惯上称为“坐蔸”。

（2）防治措施。水稻缺锌一般发生在分蘖前期，即水稻移栽后 10～30 天内，此时可每亩均匀撒施硫酸锌 1～1.5kg，或者采用 0.2%硫酸锌溶液 50～60kg 每隔一周进行叶面喷施两三次。

5．缺硅

（1）缺硅症状。水稻缺硅时，稻叶披散，萎垂无力，植株稍矮，分蘖减少，严重时剑叶微有纵卷，易遭稻瘟病危害，易早衰。

（2）防治措施。对缺硅的土壤，在施底肥时，可增施有机肥，如稻草、谷壳、草皮及炉渣等含硅酸较多的物质，同时按每亩 6kg 的用量将硅酸钠加到底肥中施用。对缺硅的水稻苗，应及时按每亩 4kg 的用量均匀撒施粉状的硅酸钠。

四、水稻施肥技术

1．施肥原则

（1）底肥为主，有机无机肥配合。水稻施肥应以底肥为主，追肥为辅。底肥一般占总用氮量的 30%～70%，磷肥的全部，钾肥的 50%左右，余下的作追肥施用。施用有机肥可改善土壤通气性能，提高保肥保水能力，促进稻株稳健生长。农家肥在施用前需腐熟。

（2）测土配方，平衡施肥。水稻生长至少需要 16 种营养元素，包括大量、中量、微量元素三大类，根据“最少养分律”原理，决定作物产量的是土壤中有效含量相对最小的养分。通过对土壤进行养分分析测定，水稻生产上必须满足其所有养分的需要，土壤中缺什么元素就必须通过施肥来补充什么元素。根据土壤特性、气候特点、栽培习惯、目标产量等，对各种养分的最适施用量、最佳比例进行科学配方，实行平衡施肥，便能达到增产、增收的目的。

2．施肥技术

（1）秧田施肥技术

水稻秧田期占全生育期的 1/4～1/3，因此秧苗素质是水稻高产的基础。依据育秧方式分为水田育秧、旱地育秧。

① 水育秧施肥要施足底肥。以有机肥为底肥时可按每亩 1000kg 腐熟的优质厩肥或人粪尿施用；以化肥为主时按每亩尿素 10kg、过磷酸钙 20～25kg、氯化钾 10～15kg 施用。底

肥应在耕地时均匀撒施，再结合耕耙将肥料均匀地混入土层中。

② 旱育秧施肥要注意苗床调酸。水稻旱育秧的苗床土壤 pH 最好在 6.0 以下，若土壤碱性太强，会严重影响铁、锰、锌等微量元素的有效性，因而需对土壤碱性调酸。在播种前 25～30 天，pH 值在 6.0～6.5 的，通过每平方米施用 0.2kg 过磷酸钙来调酸；pH 值在 6.5 以上的，用硫黄粉进行调酸，每降 1 个 pH 单位，需每平方米施用 0.1kg 硫黄粉，施后均匀翻入 10～15cm 的土层内，再用清粪水充分泼湿。

苗床施肥。播种前 5～7 天，每平方米苗床地施用尿素 8～10g、过磷酸钙 60～70g（若用过磷酸钙对苗床进行了调酸的则不再施用）、氯化钾或硫酸钾 30 克，施后均匀翻入 10～15cm 的土层内。

苗期追肥。结合揭膜施好断奶肥。从 1 叶 1 心到 2 叶 1 心施 2 次，每次每平方米施用 10g 尿素，兑清粪水泼施。4 叶期施促蘖肥，每次每平方米施用 10g 尿素，兑清粪水泼施。栽秧前 1 周看苗情酌施送嫁肥。施肥后最好用清水洗苗，严禁化肥干施和用人畜粪尿水泼苗。

（2）本田施肥技术

① 冬水田水稻本田施肥技术

亩产 500～600kg 稻谷的稻田施肥量一般为：氮（N）6～10kg、磷（P_2O_5）3～5kg、钾（K_2O）5～7kg。缺锌和冷浸、烂泥田加施硫酸锌 1～2kg。在施肥方面可采用“底肥一次清”或“前促、中控、后补”施肥法。

“底肥一次清”施肥法，就是将所有肥料一次性施入，根据土壤肥力情况每亩施入腐熟农家肥 1000～1500kg，尿素

15～20kg，过磷酸钙 30～40kg，氯化钾 10～12kg，或等含量的复混肥。“前促、中控、后补”施肥法，在栽秧整地前每亩施入腐熟农家肥 1000～1500kg，尿素 10～15kg，过磷酸钙 30～40kg，氯化钾 10～12kg，或等含量的复混肥，使之与土壤混合均匀。

早施分蘖肥。移栽 5 天左右，按每亩施尿素 5～10kg 作返青肥，氯化钾 3～5kg 作促蘖肥。

看苗补施穗粒肥。肥力差，长势偏弱的田块，在拔节期，每亩施尿素 3～5kg，并用 0.3%～0.5%磷酸二氢钾溶液 30～45kg 进行叶面喷施。

② 水旱轮作田水稻本田施肥技术

小麦、油菜等小春作物-水稻轮作。这种水旱两熟种植方式是我省稻田的主要种植方式之一。亩产 500～600kg 稻谷的稻田施肥量一般为：氮（N）8～12kg、磷（P_2O_5）5～6kg、钾（K_2O）6～8kg。缺锌和冷浸、烂泥田加施硫酸锌 1～2kg。在施肥方面可采用“底肥一次清”或“前促、中控、后补”施肥法。

施足底肥。在黏土、重壤等保肥力强的水稻田，可采用底肥一次清施肥法。将所有肥料一次性施入，根据土壤肥力情况每亩施入腐熟农家肥 1500～2000kg，尿素 18～25kg，过磷酸钙 30～50kg，氯化钾 10～12kg，或等含量的复混肥。其他稻田采用“前促、中控、后补”施肥法，灌水前每亩施入腐熟农家肥 1000～2000kg，灌水后结合整地再施入尿素 10～15kg，过磷酸钙 30～50kg，氯化钾 10kg，或等含量的复混肥，使之与土壤混合均匀。

早施分蘖肥。移栽后 5 天左右，按每亩施农家肥 500～

1000kg，尿素 8～10kg 作返青肥，氯化钾 3～5kg 作促蘖肥。

看苗补施穗粒肥。肥力差，长势偏弱的田块，在晒田复水后（拔节期），每亩施尿素 3～5kg，并用 0.3%～0.5%磷酸二氢钾溶液 30～45kg 进行叶面喷施。

③ 保护性耕作水稻施肥技术

保护性耕作条件下水稻施肥采用“前轻、中促、后保”施肥法，即轻施底肥，早施、重施追肥。

轻施底肥。在将秸秆还田，淹深水泡田后施用底肥，每亩施肥量要保证纯氮（N）4～5kg（尿素 8～10kg），过磷酸钙 40～50kg，或等养分含量的水稻专用配方肥。

早施分蘖肥。水稻移栽后 5 天左右，待秧苗扎根起苗时，按每亩施农家肥 1000～1500kg，尿素 10～15kg，氯化钾 5～8kg 作返青促蘖肥。

第三节　玉米施肥实用技术

玉米是最重要的粮食作物之一，种植面积和总产量仅次于水稻、小麦，居世界第三位。我国是世界第二大玉米生产国。在我国主要粮食作物中，玉米的播种面积居第三位，达 2700 万公顷左右；产量居第二位，达 1.47 亿吨。玉米主要用作饲料，部分地区也作食用，其国民经济地位十分重要。玉米是四川主要粮食作物之一，特别是在一些土多田少的山区和丘陵区，历来都以玉米作为粮食生产的主体，常年播种面积在 120 多万公顷以上，产量与全省小春粮食总产量相当。工业上用玉米做原料可制成 500 多种产品。随着畜牧业和加工业的发展，对玉米的需求量越来越大，供求矛盾逐渐突出。

因此，充分利用我省自然资源，发展玉米生产，对保证粮食稳定增长，搞好农业结构调整，进一步发展农村经济，促进整个国民经济的发展和改善城乡人民生活都有重要作用。

一、玉米营养特性

玉米是一种喜温、喜光、生育期短的高产作物，由于其植株高大、根系发达、吸肥力强，因此需要各种养分。由于播种时间的不同，玉米又分为春玉米和夏玉米，因所处的生长环境条件差异较大，对养分的吸收特点也有差异。一般玉米每生产 100kg 籽粒需要吸收氮（N）2.1～3.1kg、磷（P_2O_5）0.7～1.3kg、钾（K_2O）1.6～3.4kg，氮、磷、钾吸收比例为 2.5∶1∶2.5 左右。其中，春玉米每生产 100kg 籽粒需要吸收氮（N）1.5～4.0kg、磷（P_2O_5）1.2～1.4kg、钾（K_2O）5.0～6.0kg，氮、磷、钾吸收比例为 3.3∶1∶5 左右；套种春玉米每生产 100kg 籽粒需要吸收氮（N）2.5～2.6kg、磷（P_2O_5）0.6～0.9kg、钾（K_2O）1.6～2.1kg，氮、磷、钾吸收比例为 3.4∶1∶2.5 左右；夏玉米每生产 100kg 籽粒需要吸收氮（N）2.5～2.7kg、磷（P_2O_5）1.1～1.4kg、钾（K_2O）3.7～4.2kg，氮、磷、钾吸收比例为 2∶1∶3 左右。

二、玉米需肥规律

玉米不同生育期对养分吸收不同，春玉米与夏玉米相比，夏玉米对氮、磷的吸收更集中，吸收峰值也更早。一般春玉米苗期（拔节前）吸氮量仅占总量的 2.2%，中期（拔节至抽穗开花）占 51.2%，后期（抽穗后）占 46.6%；夏玉米苗期吸氮量占 9.7%，中期占 78.4%，后期占 11.9%。春玉米吸磷量一般为：苗期占总量的1.1%，中期占63.9%，后期占35.0%；夏玉米苗期吸磷量占10.5%，中期占80.0%，后期占9.5%。玉米对钾的吸收，春夏玉米均在拔节后迅速增加，且在开花期达到高峰，吸收速率大，容易导致供钾不足，出现缺钾症状。玉米对锌敏感，适当施加锌肥可提高玉米产量。

三、玉米缺素症状及防治措施

（一）缺氮

1. 缺氮症状

植株生长缓慢，株型矮小；叶色褪绿，下部老叶从叶尖开始呈现“V”字形黄化；中下部茎秆常带红色或紫红色；果穗变小，缺粒严重，成熟提早，产量品质下降。

氮素过剩时植株生长过旺，引发徒长；叶色深浓，叶面积过大，田间郁蔽严重；茎秆肥大脆嫩，易倒伏和易感病虫害；结实不良，减产明显。

2. 缺氮诊断

（1）形态诊断。根据上述缺氮症和氮素过剩症做出初步判断。注意缺氮与缺钾的区别，缺氮最先表现在老叶上，与缺钾有相似，但缺氮时叶片的中脉也会变黄而缺钾的中脉仍保持绿色。缺氮与缺硫区别在于：缺硫时新叶先失绿黄化。

（2）植株分析诊断。苗期叶鞘下半段硝态氮含量300～500mg/kg为正常，小于100mg/kg为缺乏，拔节期小于300mg/kg为缺乏。

3. 防治措施

对玉米缺氮症防治主要培肥地力，增加有机肥投入，以提高土壤保氮供氮能力；在大量施用碳氮比高的秸秆还田时，应注意配施速效氮肥，调节碳氮比；应施足底肥；合理施氮，后期缺氮每亩可用2%的尿素溶液50～60kg进行叶面喷肥。

对玉米氮素过剩症防治主要根据玉米营养特性和土壤供氮特点，适时、适量追施氮肥，严格控制用量，避免追施氮肥过晚；合理配施磷钾肥。

（二）缺磷

1．缺磷症状

缺磷症状在苗期最为明显。缺磷时，植株生长缓慢，茎基部、叶鞘甚至全株呈紫红色，严重时叶尖枯死呈褐色；抽雄吐丝延迟，结实不良，生长出籽实行列歪曲的畸形果穗，果穗弯曲，秃尖。

2．缺磷诊断

（1）形态诊断。根据上述缺磷症做出初步判断。但低温或根的机械损伤也能改变体内代谢，使植株带紫红色，有的杂交种幼苗本身就带紫色，所以应注意与之区别，结合植株分析进行诊断。

（2）土壤分析诊断。有效磷低于10mg/kg为缺乏。

（3）植株分析诊断。吐丝期叶片全磷含量低于2.5mg/g（干重）为缺乏，低于1.5mg/g（干重）为严重缺乏。

3．防治措施

玉米底肥施用有机肥和磷肥配合施用效果很好，夏玉米若缺磷，在前作的小麦或油菜上会有体现，早期可开沟追施普通过磷酸钙，用量按每亩 40kg 左右，后期每亩可喷施0.2%～0.5%的磷酸二氢钾溶液50～60kg。

（三）缺钾

1. 缺钾症状

玉米幼苗期即可出现缺钾，下位叶尖和叶缘黄化，老叶逐渐枯萎，软弱易倒伏。节间缩短，叶片大小无殊，二者比例失调而呈现叶片密集堆叠矮缩的异常植株。生育延迟，果穗发育不良，变小，穗顶变细不着粒或籽粒不饱满，淀粉含量低，穗易感病。

2. 缺钾诊断

（1）形态诊断。根据上述缺钾症做出初步判断。

（2）土壤分析诊断。土壤交换性钾（以 K 计）低于 70mg/kg 为缺乏，70～90mg/kg 为潜在性缺乏。

（3）植株分析诊断。春玉米苗期叶片全钾含量 4.6%为正常，低于 3.9%为缺乏，抽雄期 1.2%为正常，低于 0.6%为严重缺乏；夏玉米心叶下 2～3 叶中脉抽雄期速测法测钾（六硝基二苯胺法）2000～3000mg/kg 为正常，低于 2000mg/kg 为极度缺乏。

3. 防治措施

玉米应在施足有机肥的基础上，配施氯化钾，施用量按上述建议。控制氮肥，调节氮钾比。发现缺钾症状时，及时按每亩叶面喷施 0.2%～0.5%的磷酸二氢钾溶液 50～60kg。

（四）缺锌

1. 缺锌症状

玉米对缺锌较为敏感，出苗后 1～2 周内即可出现缺锌症状，俗称白花苗，植株矮小，节间缩短，叶枕重叠，顶端似平顶 3～5 叶期叶色淡黄至白色，从基部至 2/3 处明显，病情较轻可随气温升高而逐渐消退。拔节后中上部叶片中肋和叶缘之间出现黄白失绿条纹斑，严重时白化斑块变宽，叶肉组织消失而呈半透明状，易撕裂；下部老叶提前枯死。抽雄吐丝延迟，甚至不能正常吐丝，果穗发育不良，畸形，缺粒秃尖严重。

2. 缺锌诊断

（1）形态诊断。根据上述缺锌症状，结合土壤 pH 的测定（pH＞7.0）一般可做出初步判断。

（2）土壤分析诊断。DTPA 提取的土壤有效锌含量（以 Zn 计）低于 1.0mg/kg（风干土）为缺乏；1.0～2.0mg/kg 为潜在性缺乏；高于 2.0mg/kg 为基本正常。

（3）植株分析诊断。旺长期叶片全锌含量（以 Zn 计）低于 15mg/kg 为缺乏，高于 20mg/kg 为正常；另外，在开花期磷与锌的比值大于 100 也作为缺锌的指标。

3. 防治措施

锌肥施用以基肥为宜，亩施 1kg 七水硫酸锌。另外发现缺锌时，可每亩叶面喷施 0.2%的硫酸锌溶液 50～60kg，连续喷施两三次，间隔 7～10 天。锌肥当季利用率低，残效明显，因此不一定每年都要重复施用硫酸锌。

（五）缺镁

1. 缺镁症状

玉米缺镁一般在拔节以后发生。症状为下部叶前端脉间失绿，并逐步向叶基部发展，失绿组织黄色加深，叶脉保持绿色，呈黄绿相间的条纹，有时局部呈现念珠状绿斑，叶尖及前缘呈现紫红色，严重时叶尖干枯，脉间失绿部分出现褐色斑点或条斑。

2．缺镁的诊断

（1）形态诊断。根据上述缺镁症状可做出初步判断。但须注意与缺钾症状的区别以及是否存在镁钾复合型缺乏症。缺钾表现为叶缘附近组织失绿黄化、焦枯；缺镁则是脉间组织失绿。

（2）土壤分析诊断。土壤交换性镁含量（以 Mg 计）低于 50～60mg/kg（风干土）为缺乏。

（3）植株分析诊断。拔节期地上部全镁含量（以 Mg 计）低于 1.3mg/kg（干重）为缺乏，高于 2.3mg/kg 为正常。

3．防治措施

镁肥施用以基肥为宜，亩施镁肥（以 MgO 计）3kg 左右。另外，发现缺镁时，可每亩叶面喷施 1%～2%的硫酸镁溶液 50～60kg，连续喷施两三次，间隔 7～10 天。

（六）缺铁

1．缺铁症状。

症状首先出现在顶部幼叶。开始时新生叶片脉间失绿黄化，呈条纹花叶，心叶症状较重；严重时心叶不出，植株生长不良，生育延迟，甚至不能抽穗。

2．缺铁诊断

（1）形态诊断。根据上述缺铁症状，结合土壤 pH 的测定（pH＞7.0）一般可做出初步判断。注意脉间失绿先发生于新叶，与缺锰不同，缺锰有棕色斑点存在。

（2）植株分析诊断。接近成熟时叶片含铁（以 Fe 计）56～178mg/kg（干重）时为正常。

3．防治措施

在一般情况下，玉米缺铁不需要施肥矫正。若需矫正，底肥中每亩加入硫酸亚铁 2～4kg 和有机肥混匀施入，以减少和土壤的接触，提高其有效性，或亩用 0.2%的硫酸亚铁溶液 50～60kg 进行叶面喷施。

（七）缺硼

1．缺硼症状

缺硼首先出现在顶部幼叶上。前期幼叶展开困难，叶组织遭到破坏，有时新叶卷缩，叶脉间呈白色宽条纹；顶端生长受阻，侧枝丛生；雄穗不易抽出，雄花退化变小或萎缩，雌穗不能正常发育，甚至形成空秆；果穗退化不吐丝，籽实弯曲不齐，结实率低。

玉米施硼过量中毒时叶缘黄化，且与正常组织的界限分明；果穗多秃顶，植株提早干枯，产量明显降低。

2．缺硼诊断

（1）形态诊断。根据上述缺硼症和硼中毒症做出初步判断。

（2）土壤分析诊断。土壤有效硼的缺乏的临界指标为小于 0.2～0.3mg/kg（风干土），高于 2.5mg/kg（风干土）会造成中毒。

（3）植株分析诊断。吐丝期叶片正常含硼量（以 B 计）为 4～25mg/kg（干重），低于 4mg/kg 为缺乏；果穗形成前地上部含硼量高于 100mg/kg 中毒临界指标。

3．防治措施

玉米缺硼一般做基肥施用，亩施 0.5kg 硼砂；若早期发现缺硼可开沟追施，中后期发现缺硼可叶面喷施浓度为 0.1%～0.2%的硼砂或硼酸溶液，每亩用量约 50～60kg。注意硼砂是热水溶性的，配制时需先用热水溶解，再稀释至施用浓度。基施硼肥后效明显，不需要每年高量施用硼肥，否则可能造成硼过量而发生中毒症。

四、玉米施肥技术

玉米施肥原则是以有机肥为基础，施足底肥，轻施苗肥，重施拔节肥和攻苞肥，巧施粒肥。

（一）育苗施肥技术

南方复种指数高，前、后轮作的争地矛盾比较突出，育苗移栽不仅可以缓解这一矛盾，而且可争得早苗、全苗和壮苗。在移栽时，还可选取整齐一致的壮苗，比直播更易做到苗全、苗壮、整齐一致，并且移栽苗根系发达，抗倒、抗旱，增产效果明显，在我省广泛应用。

玉米育苗方法较多，包括方格育苗、营养杯（钵）育苗、秧盘育苗等。中、小苗移栽的出苗后可不施提苗肥，大苗移栽的一方面要施肥提苗，同时要注意蹲苗。下面仅介绍几种常用育苗法的施肥技术。

1．方格育苗

育苗地在年前按每亩 1500～2000kg 深翻施入腐熟有机肥，在播种前 10 天左右每亩再施入腐熟干猪粪等有机渣肥 500kg、过磷酸钙 10kg、氯化钾 5kg 与土混匀，播种前用清粪水浆床划格。出苗后 2 叶期用清粪水提苗。移栽前 2 天左右用清粪水每担加尿素 100 克作送嫁肥。

2．营养杯（钵）育苗

育苗 10 天前按 100kg 菜园土、50kg 腐熟厩肥等有机肥、

5kg 尿素、5kg 过磷酸钙、2kg 氯化钾，搅和均匀堆放，充分腐熟，播种前装入营养杯（钵）再播种。玉米出苗后，在 2 叶期用清粪水提苗。移栽前 2 天左右用清粪水每 40kg 加尿素 100g 作送嫁肥。

3．秧盘育苗

营养土配置：播种前 10 天按每亩 500kg 干渣粪、1500kg 菜园土、5kg 尿素、5kg 过磷酸钙、2kg 氯化钾混合拌匀后堆放腐熟，在播种时装入秧盘播种。出苗后的施肥与其他育苗方法相似。育中小苗的可直接用菜园土做营养土，出苗后再施肥提苗。

（二）本田施肥技术

根据全省玉米种植区形成的历史和现状，按照玉米自然生态要求和社会经济技术条件，将我省玉米主要种植区施肥技术分述如下。

1．成都平原区和川中丘陵区

目前，施肥存在的主要问题是有机肥施用量较少；氮肥用量普遍偏低，磷、钾肥施用时期和方式不合理；氮、磷、钾施用比例不合理；锌肥施用量偏少。生产上建议增施有机肥；增加追肥比例和次数，适时追肥；有针对性地施用锌肥。氮肥一般分基肥、提苗肥和攻苞肥，按 3∶2∶5 的比例施用，磷肥作基肥一次施入，钾肥基肥和提苗肥各 50%。在土壤缺锌区域基肥施用硫酸锌 1kg/亩。若基肥施用了有机肥，可酌情减少化肥用量。钙质紫色土可适当减少钾肥用量。不同产量水平，氮、磷、钾肥施用量分别为：

（1）目标产量 500kg/亩以上，施氮肥（N）16～20kg/亩，磷肥（P_2O_5）5～7kg/亩，钾肥（K_2O）6～7kg/亩。

（2）目标产量 400～500kg/亩，施氮肥（N）14～16kg/亩，磷肥（P_2O_5）4～6kg/亩，钾肥（K_2O）4～5kg/亩。

（3）目标产量 400kg/亩以下，施氮肥（N）10～14kg/亩，磷肥（P_2O_5）3～5kg/亩，钾肥（K_2O）3～4kg/亩。

2. 川西南山区

施肥存在的主要问题是施肥水平偏低，氮、磷、钾肥施用比例不合理，施肥方法不当，基肥用量偏大，追肥施用不足。建议适当提高施肥总量，协调氮、磷、钾肥比例，增加追肥用量。氮肥一般分基肥、提苗肥和攻苞肥，按 3∶2∶5 的比例施用，磷肥作基肥一次施入，钾肥占基肥和提苗肥各占 50%。在土壤缺锌区域，基肥施用硫酸锌 1kg/亩。若基肥施用了有机肥，可酌情减少化肥用量。提倡施用配方肥。不同产量水平，氮、磷、钾肥施用量分别为：

（1）目标产量 600kg/亩以上，施氮肥（N）18～20kg/亩，磷肥（P_2O_5）5～6kg/亩，钾肥（K_2O）6～7kg/亩。

（2）目标产量 500～600kg/亩，施氮肥（N）16～18kg/亩，磷肥（P_2O_5）4～5kg/亩，钾肥（K_2O）6～7kg/亩。

（3）目标产量 400～500kg/亩，施氮肥（N）14～16kg/亩，磷肥（P_2O_5）4～5kg/亩，钾肥（K_2O）5～6kg/亩。

（4）目标产量 400kg/亩以下，施氮肥（N）10～14kg/亩，磷肥（P_2O_5）4～5kg/亩，钾肥（K_2O）4～5kg/亩。

3．盆周山区

施肥上存在的问题包括：施肥水平低，氮肥施用普遍偏高，磷钾用量普遍不足，忽视锌肥施用等。建议增施有机肥，稳定氮肥用量；增施磷、钾肥，轻施苗肥，重施攻苞肥。氮肥一般分基肥、提苗肥和攻苞肥，按3∶2∶5的比例施用，磷肥作基肥一次施入，钾肥基肥和提苗肥各占50%。缺锌区域基肥施用硫酸锌1kg/亩。若基肥施用了有机肥，可酌情减少化肥用量。不同产量水平，氮、磷、钾肥施用量分别为：

（1）目标产量400kg以上/亩，施氮肥（N）14～18kg/亩，磷肥（P_2O_5）4～6kg/亩，钾肥（K_2O）5～6kg/亩。

（2）目标产量300～400kg/亩，施氮肥（N）12～14kg/亩，磷肥（P_2O_5）4～5kg/亩，钾肥（K_2O）4～5kg/亩。

（3）目标产量300kg/亩以下，施氮肥（N）10～12kg/亩，磷肥（P_2O_5）4～5kg/亩，钾肥（K_2O）3～4kg/亩。

第四节 马铃薯施肥实用技术

马铃薯是集粮、菜、饲和加工原料于一体的重要作物，因其丰富的营养价值，被誉为“地下苹果”和人类的“第二面包”。马铃薯是我省最具增产潜力、最具增收潜力、最具市场需求潜力的粮食作物。

四川省自然条件优越，马铃薯宜种性广，一年四季均可种植，主要为春、秋、冬作三季，是我省继水稻、小麦、玉米、甘薯之后的第五大粮食作物。全省 21 个市（州）均有种植，面积超过万亩以上的县有 140 多个，主要集中在凉山、达州、巴中、广元等盆周山区和川西南山地。2011 年，全省马铃薯面积达到 76 万公顷。

马铃薯性喜冷凉，喜光照，耐旱，不耐高温；播种的马铃薯块茎在地面下 10cm 深的土温达 7～8℃时，幼芽即可生长，10～20℃时幼芽可茁壮成长并很快出土；植株生长的最适宜温度为 17～21℃；块茎生长的最适温度为 17～19℃。马铃薯对土壤的适应范围较广，可以在不同的土壤类型中生长，最适合的土壤是轻质壤土，是较喜酸性土壤的作物，土壤 pH 为 4.8～7.0，马铃薯生长都比较正常，以 pH 为 5.5～6.0 最为适宜。

一、马铃薯营养特性

氮素能促进马铃薯的茎、叶生长及块茎淀粉、蛋白质的积累，对产量形成的作用主要是促进茎叶生长，增加块茎数量，增大块茎体积，防止茎叶早衰。适量施用氮肥，能促进马铃薯枝叶繁茂、叶色浓绿，有利于光合作用和养分的积累，对提高块茎产量和淀粉含量有很大作用。马铃薯一生中均需氮素的不断供应，但在生育的中期需要量较多，前期和后期需要量较少。氮素是马铃薯健康生长和取得高产的重要营养元素。

磷素能促进马铃薯植株生育健壮，提高块茎品质和耐贮性，增加淀粉含量和产量。磷素对马铃薯的营养生长、块茎形成以及淀粉的积累都有较大的促进作用，特别是能促进马铃薯根系发育，增强植株的抗旱和抗寒能力；此外，磷素还能提高块茎的耐贮性，减轻贮藏期的烂窖损失。磷肥充足时，幼苗发育健壮，还能促进早熟、增进块茎品质和提高耐贮性。磷素虽然在马铃薯生长过程中需要较少，但却是植株健康发育不可缺少的重要元素。

钾元素是马铃薯苗期生长发育的重要元素。钾肥充足植株生长健壮，茎秆坚实，叶片增厚，组织致密，抗病力强。钾元素还对促进光合作用和淀粉形成有重要作用，钾肥往往使成熟期有所延长，使块茎大、产量高。

二、马铃薯需肥规律

马铃薯是高产喜肥作物，对肥料的反应非常敏感，需要的肥料较多。肥料充足时植株可达到最高生长量，相应块茎产量也高。为了满足马铃薯高产的需要，就应该向土壤输送充足的有效养分，以保证马铃薯生长发育的需要。

氮、磷、钾三要素中，钾肥需要量最多，其次是氮肥，磷肥需要较少。

马铃薯是高淀粉块茎作物，属无性繁殖，生长前期是以氮素代谢为主，生长后期以碳素代谢为主。马铃薯的生育期分为苗期、块茎形成与增长期、淀粉积累期，在其整个生育期中，吸收钾肥最多，氮肥次之，钾肥最少。不同生育期对养分的需要有不同的特点。苗期，由于块茎含有丰富的营养物质，需要养分较少，大约占全生育期的 1/4。块茎形成与增长期，地上部茎叶生长块茎的膨大同时进行，需肥较多，约占总需肥量的 1/2。淀粉积累期，需要养分较少，约占全生育期的 1/4。由此表明，在块茎形成与增长期保证养分的充足供应，对提高马铃薯的产量和淀粉含量起着重要作用。

据研究，一般情况下，每生产 1000kg 块茎，需要从土壤中吸收 4.5～6.0kg 的氮肥（N）和磷肥（P_2O_5）1.7～1.9kg、钾肥（K_2O）8.0～10.0kg。

此外，马铃薯还需要钙、镁、硫、锌、钼、铁、锰、硼等微量元素，缺少这些元素时，也可引起病症、产量降低。其中对硼、锌比较敏感，因硼有利于薯块膨大，防止龟裂。但绝大部分土壤中这些元素并不缺乏，所以一般不需施用。

三、马铃薯缺素症状及防治措施

（一）缺氮

1. 缺氮症状

氮肥不足，则马铃薯植株生长不良，主要表现为叶片小，叶色淡绿或灰绿色，中下部小叶边缘褪色呈淡黄色，向下卷曲，提早脱落。植株矮小，茎细长，分枝少，生长直立，花期早，植株下部叶片早枯等，最后因植株生长势弱，产量很低。

施用过量也会引起植株徒长，导致结薯延迟，影响产量，且枝叶徒长还易受病害侵袭，会造成更大的损失。实践证明，氮肥施用过多比氮肥不足更难控制。如苗期发现氮肥不足，可通过追施氮肥加以补充。但若发现氮肥过多除控制灌水外，其他方法很难收效。而控制灌水常常会造成茎叶凋萎，影响正常生长。

2. 防治措施

早施氮肥，可用作种肥或苗期追肥。应急处理时可在叶面喷施 0.2%～0.5%的尿素液或含氮复混肥。

（二）缺磷

1. 缺磷症状

磷肥不足时，马铃薯植株生长发育缓慢，植株瘦小，茎秆矮小，叶面积小，光合作用差，生长势弱；严重时顶端停止生长，叶片、叶柄及小叶边缘有些皱缩，下部叶片向上卷，叶缘焦枯，老叶提前脱落。缺磷时块茎外表没有特殊症状，切开后薯肉常出现褐色锈斑。随着缺磷程度的增加，锈斑相应地扩大，蒸煮时薯肉锈斑处脆而不软，严重影响品质。

2. 防治措施

在缺磷田块增施有机肥并沟施过磷酸钙或磷酸二铵做基种肥。应急处理时可在叶面喷施 0.3%～0.5%的磷酸二氢钾溶液，每隔六七天喷 1 次。

（三）缺钾

1. 缺钾症状

缺钾时马铃薯植株节间缩短，发育延迟，叶片变小，叶面粗糙，皱缩并向下卷曲。早期叶片暗绿，后期叶片出现古铜色病斑，叶片向下弯曲。叶色变化由叶尖及边缘逐渐扩展到全叶，植株下部叶片早枯，根系不发达，匍匐茎缩短，块茎小，产量低，品质差，块茎内部带蓝色，蒸煮时薯肉易呈灰黑色。

2. 防治措施

在缺钾土壤中增施钾肥做基种肥。应急处理时可在叶面喷施 0.3%～0.5%的磷酸二氢钾溶液，每隔六七天喷 1 次。

（四）缺钙

1. 缺钙症状。缺钙时幼叶变小，小叶边缘呈淡绿色，茎节间缩短，植株顶部呈丛生状。

2. 防治措施。预防措施：在酸性较强的土壤中易出现缺钙现象，可撒施一部分石灰补充土壤中钙素的不足或调整土壤 pH 值。叶面喷施 0.5%的过磷酸钙水溶液，每隔 5～7 天用 1 次。

（五）缺镁

1．缺镁症状。缺镁症从中下部节位上的叶片开始，小叶边缘开始由绿变黄，进而叶内变黄，而叶脉仍呈绿色。

2．防治措施。土壤缺镁田应沟施硫酸镁或白云石等含镁肥料。发现植株缺镁应及时在叶面喷施 0.5%～1%硫酸镁溶液。

（六）缺硼

1．缺硼症状。植株生长点死亡，呈丛生状，侧枝增多，节间缩短，叶片变厚并上卷，块茎有褐色坏死。

2．防治措施。缺硼土壤每亩基施硼砂 0.5kg。植株发生缺硼现象时叶面喷施 0.1%～2%硼砂溶液。

（七）缺锌

1．缺锌症状。嫩叶褪绿并上卷，叶片上有灰褐至青铜色斑点，后成坏死斑。

2．防治措施。土壤缺锌基施硫酸锌 0.5～1kg。植株出现缺锌症，可在叶面喷施 0.5%硫酸锌溶液，每十天左右喷一次。

四、马铃薯施肥技术

（一）成都平原区、川中丘陵区和盆周山区

1．施肥存在的主要问题

有机肥用量少；磷、钾肥施用量不足。

2．施肥建议

增施有机肥，有机肥与无机肥相结合；控施氮肥，增施磷、钾肥。宜选择低氯复混肥料，不宜施用氯化铵。氮肥 60%～70%作基肥，30%～40%作团棵期追肥；有机肥与磷肥全部基施；钾肥 50%作基肥，50%作现蕾期追肥。在钙质紫色土区域，适当增加磷肥用量，减少钾肥用量。若基肥施用有机肥，可酌情减少化肥用量。提倡施用配方肥。不同产量水平，氮、磷、钾肥施用量分别为：

（1）目标产量 1500kg/亩以上，施氮肥（N）12～14kg/亩，磷肥（P_2O_5）6～7kg/亩，钾肥（K_2O）8～10kg/亩。

（2）目标产量 1000～1500kg/亩，施氮肥（N）10～12kg/亩，磷肥（P_2O_5）6～7kg/亩，钾肥（K_2O）6～8kg/亩。

（3）目标产量 1000kg/亩以下，施氮肥（N）10kg/亩，磷肥（P_2O_5）4～6kg/亩，钾肥（K_2O）5～7kg/亩。

（二）川西南山区

1．施肥存在的主要问题

有机肥施用量少；施肥水平偏低，施肥结构不合理。

2．施肥建议

增施有机肥，有机肥与无机肥结合；控施氮肥，增施钾肥。氮肥 60%～70%作基肥，30%～40%作团棵期追肥；有机肥与磷肥全部作基肥；钾肥 50%作基肥，50%作现蕾期追肥。若基肥施用有机肥，可酌情减少化肥用量。提倡施用配方肥。冬马铃薯可在此基础上增施磷、钾肥 1～2kg/亩。不同产量水平，氮、磷、钾肥施用量分别为：

（1）目标产量 2500kg/亩以上，施氮肥（N）11～13kg/亩，磷肥（P_2O_5）6～7kg/亩，钾肥（K_2O）10～12kg/亩。

（2）目标产量 1500～2500kg/亩，施氮肥（N）9～11kg/亩，磷肥（P_2O_5）5～6kg/亩，钾肥（K_2O）8～10 千克/亩。

（3）目标产量1500kg/亩以下，施氮肥（N）7～9kg/亩，磷肥（P_2O_5）4～5kg/亩，钾肥（K_2O）6～8kg/亩。

第五节 油菜施肥实用技术

油菜属十字花科芸薹属植物，按其形态特征分为白菜型、甘蓝型和芥菜型三大类，是世界四大主要油料作物之一。油菜种子含油量占其干重的 35%～45%。油菜是我国主要油料作物之一，主要分布在长江流域各省市，大约占全国种植油菜的 85%以上。目前我国油菜种植面积已达 800 万公顷，产量达到 1300 多万吨，均居世界第一位。2011 年我省 181 个县（市、区）中有 156 个县种植油菜，油菜种植面积达 96 万多公顷，总产量达 214.4 万吨，连续 10 年创新高。

油菜是四川最主要的油料作物，也是种植业中的一大优势，油菜子总产量均居全国前列。菜油既是全省人民的主要食用油，又是重要的工业原料，其加工产品达数十种之多，在食品、化工、机械、冶金、建筑、纺织、医药等方面都有广泛用途。油菜是一种兼有用地和养地的作物，在以两熟制为主的条件下，不仅与粮食和其他作物争地矛盾较小，且有利于发挥后作水稻的优势。油菜花多、花期较长，是优良的蜜源。发展油菜生产，有利于种、养结合，对实现农业生态平衡和良性循环，起着良好作用。因此，发展油菜生产，在生产和经济等方面，都具有重要意义。

一、油菜营养特性及需肥规律

油菜生育期长，是需肥多、耐肥力强、对磷、硼很敏感的作物。油菜根系发达，吸收土壤养分能力较强，对肥料利用率较高，杂交油菜表现更为明显。油菜从出苗到成熟的整个生长过程可分为苗期、蕾薹期、花期、结角期和成熟期。

油菜一般形成100kg的油菜子需吸收氮（N）4.7～6.8kg，磷（P_2O_5）1.6～2.8kg，钾（K_2O）5.6～10.2kg；氮、磷、钾吸收比例为2.7∶1∶3.6；杂交油菜形成100kg的油菜子需吸收氮（N）4.0kg，磷（P_2O_5）1.7kg，钾（K_2O）6.2kg左右。油菜营养生长期和营养生长与生殖生长并进期，植株体内氮磷钾已达或超过总量90%。出苗至现蕾期油菜吸收40%氮（N）、30%磷（P_2O_5）、30%钾（K_2O）；现蕾至初花期油菜吸收50%氮、65%磷、60%钾；初花至成熟期油菜仅吸收10%氮、5%磷、10%钾。

硼对油菜分生组织和器官的建成有重要作用。充足的硼素营养可保证油菜繁殖器官的正常发育，防止发生"花而不实"。我省花岗岩、砂页岩发育的红壤、黄壤，紫色砂页岩发育的紫色土，土壤有效硼含量明显低于油菜缺硼临界值（0.5mg/kg），属于严重缺硼地区，油菜缺硼现象经常发生。不同的油菜种类和品种对硼的需求量有一定差异，一般甘蓝型高于白菜型和芥菜型；在同类型品种中，优质油菜尤其是杂交油菜高于常规油菜，迟熟品种高于早熟品种。

二、油菜缺素症状及防治措施

（一）缺氮

1．缺氮症状

苗期植株生长受阻，植株矮小，叶片小而薄，叶色发黄，茎秆纤细，分枝短小，全株上大下小。白菜型下部叶片黄绿色，甘蓝型下部叶片红紫色。叶片早衰脱落。根系不发达，花芽分化慢而少，花蕾量少、角果少而短，产量和品质下降。

氮素过剩时植株生长过旺，分枝过多，叶色深浓，茎秆嫩弱，易倒伏和易感病虫害；成熟期延迟，籽粒成熟度不整齐，含油率降低。

2．缺氮诊断

（1）形态诊断。根据上述缺氮症和氮素过剩症做出初步判断。注意缺氮与缺硫区别在于：缺硫时新叶先失绿黄化，而缺氮时症状从老叶开始。

（2）植株分析诊断。油菜抽薹功能叶全氮量（N）低于35mg/g（干重，下同）为缺乏；36～39mg/g 为正常，高于42mg/g 为过量。

3．防治措施

对油菜缺氮症防治主要培肥地力，增加有机肥投入，以提高土壤保氮供氮能力；苗期发现缺氮时，每亩穴施碳酸氢铵 15kg 左右；中期发现缺氮时，每亩施尿素 7.5～10kg；后期发现缺氮时，每亩喷施 50～60kg 浓度为 1.0%的尿素溶液。

对油菜氮素过剩症防治主要根据油菜营养特性和土壤供氮特点，适时、适量追施氮肥，严格控制用量，避免追施氮肥过晚；合理配施磷钾肥。

（二）缺磷

1．缺磷症状

缺磷症状在子叶期即可出现，缺磷幼苗子叶色深，叶片变小增厚；真叶推迟生长，形小而直立，暗绿且无光泽，呈紫红色，叶柄和叶脉面尤其明显，温度越低症状越明显；出叶速度慢，植株僵小。分枝节位抬高，分枝量减少，主茎和分枝细弱，花荚显著减少。根系发育减缓，抗逆性差，不正常早熟。籽粒不饱满，产量下降，出油率低。

2．缺磷诊断

（1）形态诊断。根据上述缺磷症做出初步判断。有的杂交种幼苗本身就带紫色，所以应注意与之区别，结合植株分析进行诊断。

（2）土壤分析诊断。有效磷低于 15mg/kg 为缺乏。

（3）植株分析诊断。苗期地上部全磷含量低于 2.0mg/g（干重）为缺乏，低于 1.2mg/g（干重）为严重缺乏。

3．防治措施

缺磷时每亩穴施过磷酸钙 30～50kg；后期可亩用 0.2%～0.5%的磷酸二氢钾溶液 50～60kg 进行叶面喷施。

（三）缺钾

1．缺钾症状

油菜缺钾的症状在苗期即可发生，表现在莲座叶叶缘出现黄白色或灰色斑点，进入越冬后，植株生长缓慢，缺钾症状不再发展；开春后，植株生长渐旺，缺钾症状加剧，老叶（莲座叶）叶缘甚至脉间失绿黄化。抽薹后症状发展加快，老叶叶尖、叶缘焦枯，干卷，提前脱落；上部抱茎叶叶尖黄化，皱缩，并沿叶缘发展，叶缘上卷形成勺状叶；植株呈暗绿色，株型矮小，分枝减少，花荚稀少，角果短小，阴角多，千粒重下降，产量锐减。

2．缺钾诊断

（1）形态诊断。根据上述缺钾症可做出初步判断。

（2）土壤分析诊断。土壤交换性钾（以 K 计）低于 60mg/kg 为缺乏，60～80mg/kg 为潜在性缺乏。

（3）植株分析诊断。花荚期叶片全钾含量低于 6.0mg/g

（干重）为缺乏，但以氮、钾肥量的比值为指标更为可靠，比值低于 0.25 为缺乏；高于 0.4 为正常。

3．防治措施

油菜应在施足有机肥的基础上，配施氯化钾，施用量按上述建议。控制氮肥，调节氮钾比。发现缺钾症状时，及时按每亩叶面喷施 0.2%～0.5%的磷酸二氢钾溶液 50～60kg。

（四）缺硼

1．缺硼症状

“花而不实”是油菜硼素营养缺乏的突出症状。发生“花而不实”的油菜，生育前期未见异常表现，但后期只开花，角果和种子不能正常发育或畸形发育，造成减产甚至绝收。由于不实，次生分枝旺发，花期延长；氮素营养充足时，更是枝多花旺，盛花不息，因此又称之“疯花不实”。大量细弱的次生分枝发生使植株呈扫帚状，成熟期表现为分枝繁密纷乱的景观。油菜缺硼苗期表现为苗床秧苗出现发黄现象，移栽后不发新根，不长新叶，展开叶萎蔫坍塌，持续一段时间死亡。移栽成活后缺硼，苗株表现皱缩、倒卷，叶色暗绿并先从叶缘变紫红色。根系发育不良，根的尖端生长缓慢。严重的根部空心成褐色，出现根肿。薹期油菜根叶症状与苗期相似，但根肿现象更明显。花序顶端的花蕾失绿，有的枯萎变褐色。花朵色泽不鲜艳，花瓣干枯皱缩，个别柱头伸出后即枯萎，不能正常开花。严重缺硼仍发生死苗现象。

油菜施硼过量中毒时，出苗延迟，叶片褪绿黄化，严重时幼根卷曲，呈灰白色，并逐渐枯死。叶面喷施硼肥浓度过高引起硼中毒时，表现为叶缘黄化，脉间出现失绿的黄色斑点，继而逐渐变成褐色并出现穿孔症状，最后全叶坏死脱落。

2．缺硼诊断

（1）形态诊断。根据上述缺硼症和硼中毒症做出初步判断。

（2）土壤分析诊断。土壤有效硼的缺乏的临界指标为小于0.2mg/kg（风干土）为严重缺乏；0.2～0.4mg/kg为缺乏，高于0.4mg/kg为正常。

3．防治措施

油菜缺硼一般作基肥施用，可亩施0.5～1.0kg硼砂；若后期发现缺硼可叶面喷施浓度为 0.1%～0.2%的硼砂或硼酸溶液，每亩用量约50～60kg。基施硼肥后效明显，不需要每年高量施用硼肥，否则可能造成硼过量而发生中毒症。

（五）缺硫

1．缺硫症状

油菜缺硫一般表现新叶褪色，呈淡绿色，叶片背部出现紫红色，叶缘略向上卷，形成浅勺状叶，植株矮小，生育推迟。

2．缺硫诊断

（1）形态诊断。根据上述缺硫症状可做出初步判断。但需注意与缺氮、缺磷、缺钙等症状的区别。缺氮、缺磷发生在老叶，而缺硫症状从新叶开始，缺钙时新叶叶缘附近组织扭曲畸形、焦枯坏死，而缺硫新叶不会坏死。

（2）土壤分析诊断。土壤有效硫（以S计）低于12mg/kg（风干土）为缺乏。

（3）植株分析诊断。开花期地上部全硫含量（以S计）低于1.8mg/kg（干重），氮与硫的比值大于6为缺乏。

3．防治措施

增施有机肥，合理选用含硫化肥，如硫酸铵、过磷酸钙、硫酸钾等，也可适当选用硫黄、石膏等硫肥。

（六）缺镁

1．缺镁症状

油菜缺镁症多发生在抽薹以后，表现为下位叶叶脉间组织失绿，由浅绿色转变为黄绿色，叶缘可呈紫红色，发展后失绿部位出现紫红色斑块，叶脉仍保持绿色。

2．缺镁诊断

（1）形态诊断。根据上述缺硫症状可做出初步判断。但须注意与缺钾等症状的区别。缺钾表现叶缘附近组织失绿黄化、焦枯；缺镁则为叶脉间组织失绿。

（2）土壤分析诊断。土壤交换性镁（以 Mg 计）低于 50～60mg/kg（风干土）为缺乏。

（3）植株分析诊断。抽薹期功能叶全镁含量（以 Mg 计）低于 1.0mg/kg（干重）为缺乏；1.0～3.0mg/kg 为可能缺乏；高于 3.6mg/kg 为正常。

3．防治措施

增施有机肥，合理选用含镁化肥，如硫酸镁、钙镁磷肥、硫酸钾镁肥等。控制氮钾过量施用引起的缺乏症状。在易发生缺镁症状的酸性土壤上，施用石灰，尤其是含镁石灰或白云石粉，既可中和土壤酸度，又可提高土壤的供镁能力。

三、油菜施肥技术

根据四川各地自然气候、社会经济和技术条件，油菜生产水平，耕作制度和生产技术存在的问题及增产途径一致性等相对一致的原则，可将全省油菜种植划出分区，现对主要种植区提出以下施肥建议。

（一）育苗施肥技术

油菜苗床地应选择土壤肥力高，易于整理，质地较沙，历年无土传病害发生或发生轻的地块。如果苗床土壤为酸性，为了防治土传病害如根肿病的发生，调节土壤 pH 是关键措施，每亩施入 50～100kg 生石灰，随后精细整地，施足底肥。整地 5～7 天后进行播种，同时结合使用杀菌剂。

油菜幼苗在苗床生长期较短，且吸收养分能力较弱，因此苗床底肥多用人畜粪，底肥以优质有机肥为主，配以适量的速效肥，可按每亩尿素 10～15kg、过磷酸钙 40～50kg、氯化钾 5kg、经过腐熟的有机肥 1500～2000kg 一起施用。将肥料与苗床土壤混匀后再播种。

苗期及时追肥是培育壮苗的关键。由于苗床底肥肥力水平较高，幼苗 1～2 叶期有足够养分。因此，一般在定苗后，也就是在 3～5 叶时每亩用 1500～2000kg 清粪水或 3～4kg 尿素施第一次追肥，以后看苗情及时追肥，移栽前 6～7 天，每亩用 3～5kg 尿素和 1000～2000kg 腐熟的清粪水施一次“送嫁肥”。对缺硼的土壤，还应在移栽前喷施一次硼肥，可用 0.1%的硼砂溶液进行喷施。

（二）本田施肥技术

油菜本田施肥应根据当地气候、土壤肥力状况、种植制度、生产水平和品种特性等条件综合考虑施肥量和施肥方法。

1. 成都平原区和川中丘陵区

目前油菜施肥存在的主要问题是有机肥用量偏少；磷、钾和硼肥用量不足，基肥比例偏大。为此必须增施有机肥，实行有机无机相结合；提高磷、钾肥用量，提高氮肥追肥比例。实际施肥中氮肥 20%～30%做基肥，30%～40%做提苗肥，30%～40%做薹肥；有机肥与磷肥全部作基肥；钾肥总量的 60%～70%做基肥，30%～40%做提苗肥。土壤缺硼区域，每亩施用硼砂 0.5～1.0kg。若基肥施用有机肥，可酌情减少化肥用量，提倡施用配方肥。不同产量水平，氮、磷、钾肥施用量分别为：

（1）每亩目标产量为 150～200kg，施氮肥（N）12～14kg，磷肥（P_2O_5）5～6kg，钾肥（K_2O）4～6kg。

（2）每亩目标产量为 100～150kg，施氮肥（N）10～12kg，磷肥（P_2O_5） 4～5kg，钾肥（K_2O）3～4kg。

（3）每亩目标产量在 100kg 以下，施氮肥（N）9～10kg，磷肥（P_2O_5）4～5kg，钾肥（K_2O）2～3kg。

2．川西南山区

目前油菜施肥主要问题是有机肥施用不足；化肥施用水平低，氮磷钾养分比例不协调。必须采取增施有机肥，有机肥与无机肥相结合；适当降低氮肥基施用量，增加薹肥比例。氮肥 50%做基肥、20%～30%作提苗肥、20%～30%作薹肥；钾肥 60%做基肥、40%做薹肥；磷肥和硼肥作基肥施用。土壤缺硼区域亩施硼砂 0.5～1.0kg。若基肥施用了有机肥，则可酌情减少化肥用量。提倡施用配方肥。不同产量水平，氮、磷、钾肥施用量分别为：

（1）每亩目标产量为 150～200kg 以上，施氮肥（N）9～11kg，磷肥（P_2O_5）4～6kg，钾肥（K_2O）4～6kg。

（2）每亩目标产量为 100～150kg，施氮肥（N）8～10kg，磷肥（P_2O_5）4～5kg，钾肥（K_2O）4～5kg。

（3）每亩目标产量为 100kg 以下，施氮肥（N）7～9kg，磷肥（P_2O_5）3～5kg，钾肥（K_2O）3～5kg。

3．盆周山区

施肥存在的主要问题仍是有机肥施用不足；氮磷用量较低，忽视钾肥施用，氮磷钾肥养分施用比例不协调。建议在增施有机肥的基础上，调氮、稳磷、增钾；依据土壤有效硼丰缺状况，补充硼肥；适当降低氮肥基施用量，增加薹肥比例；肥料施用与高产优质栽培技术相结合。氮肥 20%～30%做基肥，30%～40%做提苗肥，30%～40%做薹肥；有机肥与磷肥全部做基肥；钾肥 60%～70%做基肥，30%～40%做提苗肥。硼肥作基肥或在薹期喷施浓度为 0.2%硼砂。提倡施用配方肥。不同产量水平，氮、磷、钾肥施用量分别为：

（1）每亩目标产量为 150kg 以上，施氮肥（N）11～13kg，磷肥（P_2O_5）5～6kg，钾肥（K_2O）5～6kg。

（2）每亩目标产量为 100～150kg，施氮肥（N）10～12kg，磷肥（P_2O_5）4～5kg，钾肥（K_2O）4～5kg。

（3）每亩目标产量为 100kg 以下，施氮肥（N）9～11kg，磷肥（P_2O_5）4～5kg，钾肥（K_2O）3～4kg。

第六节 青稞施肥实用技术

青稞是藏区农牧民不可替代的特需口粮和酿酒原料，藏族人民对青稞制作的糌粑有特殊的喜好，常年需求量在 15 万吨以上，每年自产量满足不了市场需求，缺口在 5 万吨左右；青稞还是高原地区酿造啤酒、白酒等的主要原料。同时，青稞粗蛋白含量较多，赖氨酸含量占5.2%以上，并且青稞的茎秆质地柔软，富含营养，适口性好，是饲喂家畜的优质饲四川省青稞常年种植面积4万多公顷，主要分布在甘孜、阿坝、凉山三州，但由于历史、地理环境等因素的制约，青稞产区的生产条件还比较差，生产水平还比较低，目前仍处于“广种薄收、靠天吃饭”的生产状态，导致产量低，供需矛盾突出。

一、青稞营养特性

青稞对氮素的需要量较磷、钾多，氮素对青稞根、茎、叶的生长发育十分重要。氮素可增加根量，增加分蘖数，还可促进增产，提高青稞籽实中蛋白质的含量。

磷素能促进青稞早分蘖，提早成熟，并促进青稞籽粒饱满，千粒重增加。磷素不足，苗期根系发育弱，拔节、开花延迟，授粉不正常，产量下降，品质降低。

钾素对青稞整个生长期均有较大的影响，能促进根系发达，茎秆粗壮，增强抗逆性。青稞缺钾时，根系发育不良，茎秆纤细柔软，极易倒伏，抗逆性下降，影响产量。

除氮、磷、钾三要素外，青稞吸收微量元素的数量虽然很少，但微量元素对青稞的生长发育仍然有特殊的作用。研究表明，硼、锰、钼元素除能增加青稞的抗旱性，除增加茎秆中碳水化合物的含量和运转外，还可增加穗粒数和千粒重。

二、青稞需肥规律

青稞生育期较短，根系浅，分蘖能力强，对营养元素的反应特别敏感，生长前期是吸收氮、磷、钾最多的时期，以氮和钾的表现最为明显,吸收磷的数量以生长前期最为突出。料，具有十分广阔的开发前景。

出苗到分蘖吸收磷的数量占全生育吸收总量的46%，分蘖期是吸收氮、磷最多的时期，从分蘖到拔节期吸收氮素占生育期总量的75%，钾占61%，其中又以拔节期吸收的钾最多。

由此可见，青稞在整个生长过程中，对氮、磷、钾养分的需求十分迫切，且吸收养分的时间也短，特别是青稞的生长前期对营养物质的吸收非常迅速，若此时营养物质缺乏或不足，对产量的影响极大。

据试验，青稞形成100kg的产量，约需氮肥（N）2.8kg、磷肥（P_2O_5）1.5kg、钾肥（K_2O）1.8kg，但产量的增长与需肥量的增长不存在比例关系。根据青稞生育期短、需肥量多且需要多种营养元素的特点，以氮、磷对青稞增产的作用最大。不同营养元素对青稞的肥效作用排序为氮＞磷＞钾。

三、青稞施肥技术

（一）施肥存在的主要问题

目前，我省青稞栽培中施肥量不足，氮、磷、钾失衡，不能满足青稞生长的需要。

（二）施肥建议

重施充分腐熟的有机肥，每亩用量 800～1000kg。有机肥、磷肥、钾肥全部作基肥施用，中上等地氮肥亦全部作基肥施用，生育期间一般不追肥；下等地叶片开始发黄时适量追施尿素。氮肥也可按基肥：追肥=6：4 追施，但追肥时间应早，在二叶一心期结合降雨或灌溉追施，为青稞增蘖、增穗、增籽打基础。青稞孕穗以后到灌浆初期喷施 0.3%磷酸二氢钾，对延长叶片功能、提高千粒重有很好的效果。

1．产量水平 250kg/亩以上：施氮肥（N）8～10kg/亩、磷肥（P_2O_5）5～6kg/亩、钾肥（K_2O）5～6kg/亩。

2．产量水平 200～300kg/亩：施氮肥（N）6～8kg/亩、磷肥（P_2O_5）4～5kg/亩、钾肥（K_2O）3～4kg/亩。

3．产量水平 200kg/亩以下：施氮肥（N）4～5kg/亩、磷肥（P_2O_5）2～3kg/亩、钾肥（K_2O）2～3kg/亩。

第四章

主要蔬菜施肥实用技术

第一节 根叶类蔬菜施肥实用技术

种蔬菜是农民增收的一个重要途径。今后四川“菜篮子”建设工程要新（改）建蔬菜标准化基地33万多公顷。青菜、萝卜、莴苣等是四川常见的根叶类蔬菜，将近占全省蔬菜播种面积的一半。这类蔬菜一次性收获、施肥管理比较方便。

一、青菜施肥实用技术

青菜为白菜亚种的一个变种，一二年生草本植物，原产于中国，是中国黄河和淮河流域的地方特产蔬菜之一。食用部分为植株的全株，即幼苗或成长株的嫩叶、叶柄、未开花的嫩菜薹和肉质根，其含钾、钙等矿质元素较高。

青菜耐寒，在-26℃的低温下，稍加保护可安全越冬；耐热力也较强，在夏季高温时节也能生长。但深绿色叶片的品种在温度过高、阳光强烈时，叶片易受灼伤。叶柄易纤维老化，并有苦味。其生长最适温度在10～22℃之间，低于10℃生长缓慢。青菜营养生长期较耐阴，其中，深绿色叶品种较黄绿色叶品种的耐阴力强。营养生长期要求土壤肥沃疏松湿润，但能耐干旱，不耐涝。

（一）青菜营养特性

四川的青菜种植主要分为加工用青菜和鲜销青菜。加工用青菜一般采用稻-菜轮作，主要栽种在水稻土上。鲜销青菜主要种植在沿江河的冲积土壤上，年种植3～4茬蔬菜。为了提高青菜商品率，应注重使用有机肥，大力推广稻草覆盖还田；优化氮磷钾肥施用比例和时期，重视生长早中期肥料的施用；酸性土壤适当补施钙肥和微量元素肥料。

（二）青菜需肥规律

加工用青菜根据土壤肥力状况的不同，施肥可分为三种情况。在做好开沟排湿、田间管理、亩施用1000kg有机肥的基础上，亩产3000～4000kg，亩施纯氮9～12kg、五氧化二磷4～5kg、氧化钾6～9kg，施硼肥0.5～1kg作底肥；亩产5000～6000kg，亩施纯氮12～15kg、五氧化二磷5～8kg、氧化钾6～9kg，施硼肥1～1.5kg作底肥；亩产7000kg以上，亩施纯氮15～18kg、五氧化二磷6～9kg、氧化钾10～13kg，施硼肥1～1.5kg作底肥。

鲜销青菜由于生长期短，需肥量比加工用青菜更大一些，一般亩产5000～6000kg，施肥以充分腐熟的有机肥为主，亩用有机肥1500～2000kg、纯氮17～20kg、五氧化二磷7～9kg、氧化钾7～9kg、硼肥1～2kg。

（三）青菜施肥技术

加工用青菜施肥分为底肥和追肥。磷钾肥、复混肥一般用作底肥，可翻入土壤，也可离根10公分丢窝。最好总氮量的30%～50%由有机肥提供，氮肥和有机肥一般分三次施用：第一次底肥占总氮量的40%左右，在整地时翻入土中；第二次为返青肥，占总氮量的30%左右，在移栽成活后兑水灌施；

第三次施肥在移栽后 50 天左右施总氮量的 30%左右。磷肥在移栽时集中丢窝一次性施用。单质钾肥可 60%用作底肥，40%用作追肥。如果选择复混肥，可以作底肥和返青肥施用，用单质氮肥、冲施复混肥料作追肥分 2～3 次施用。硼肥作底肥施用，中微量元素采用根外追肥，提高其有效性。

由于鲜销青菜生长期短，需肥量大，所以施肥次数也较加工用青菜更多。鲜销青菜一般施用 30～40kg 高浓度复混肥料、1～2kg 硼肥和 1000kg 农家肥作底肥翻耕入土，再挖窝移栽，移栽后连续三天都浇水，以利成活；移栽后 7～10 天，追施清粪水一次，亩用量 650～750kg；以后每隔 7～10 天，亩用尿素 5～7kg 兑清粪水进行浇灌，共浇 4～5 次，浇灌浓度逐渐加大。其中，第一、二次追肥选择尿素和复混肥料并降低用量，也可将尿素和复混肥料浸入沼液后再浇施，更利于根系生长。在收割前一个月不施用化学氮肥，防止硝态氮超标。

二、萝卜施肥实用技术

萝卜属十字花科、萝卜属。胡萝卜为一、二年生草本。根肉质，长圆形、球形或圆锥形，根皮红色、绿色、白色、粉红色或紫色。茎直立，粗壮，圆柱形，中空，自基部分枝。基生叶及茎下部叶有长柄，通常大头羽状分裂，被粗毛，侧裂片 1～3 对，边缘有锯齿或缺口；原产我国，各地均有栽培，品种极多，常见有红萝卜、青萝卜、白萝卜、水萝卜和心里美等。

萝卜适宜于土层深厚，富含有机质，保水和排水良好，疏松肥沃的砂壤土为最好。土层过浅，心土紧实，易引起直根分歧；土壤过于黏重或排水不良，都会影响萝卜的品质。

萝卜吸肥能力强，施肥应以迟效性有机肥为主，并注意氮、磷、钾的配合。特别是肉质根生长盛期，增施钾肥能显著提高品质，除了肥料三要素外，多施有机肥，补充的微量元素也是萝卜必要的营养成分。

（一）萝卜营养特性

萝卜是根菜类的主要蔬菜之一，其施肥量视土壤肥力和品种而定。萝卜的根系发达，施足基肥是萝卜增产的主要环节。基肥一般占施肥总量的 70%，以速效氮肥为主，促进根叶生长；追肥在肉质根生长盛期施用，以磷钾肥为主。萝卜的施肥原则为：增施有机肥、优化氮磷钾肥施用比例和时期、适当补充中、微量元素。

（二）萝卜需肥规律

在灰棕紫泥土、灰棕紫砂泥土、灰棕黄紫泥土、暗紫泥土、暗紫砂泥土和暗紫黄泥土六个土种的土壤区域，中上等肥力水平的地块，萝卜亩产量水平 4000kg 以上，亩用纯氮（N）10～12kg、磷（P_2O_5）4.2～4.8kg、钾（K_2O）4.5～5kg；在灰棕紫砂泥土、灰棕石骨土、灰棕黄紫泥土、暗紫砂泥土、暗紫石骨土和暗紫黄泥土六个土种的土壤区域，中等肥力水平的地块，萝卜亩产量水平 3000～4000kg，亩用纯氮（N）9～10kg、磷（P_2O_5）4.0～4.5kg、钾（K_2O）4.5～5kg；在灰棕石骨土、灰棕黄紫泥土、暗紫石骨土和暗紫黄泥土四个土种的土壤区域，下等肥力水平的地块，萝卜亩产量水平 3000kg 以下，亩用纯氮（N）8～9kg、磷（P_2O_5）3.0～3.6kg、钾（K_2O）3.5～4.0kg。

（三）萝卜缺素症状及防治措施

1．缺氮

（1）缺氮症状。自老叶新叶逐渐老化，叶片瘦小，基部变黄，生长缓慢，肉质根短细瘦弱，不膨大。

（2）防治措施。亩追尿素 7.5～10kg 或用人粪尿加水稀释浇灌。

2．缺磷

（1）缺磷症状。植株矮小，叶片小，呈现暗绿色，下部叶片变紫色或红褐色，侧根不良，肉质根不膨大。

（2）防治措施。亩用磷酸二氢钾 100～150g 兑水 50kg 喷施。

3．缺钾

（1）缺钾症状。老叶尖端和叶边变黄变褐，沿叶脉呈现组织坏死斑点，肉质根膨大时出现症状。

（2）防治措施。亩追氯化钾或硫酸钾 5～8kg，也可叶面喷施 1%的氯化钾溶液或 2%～3%的硝酸钾溶液或 3%～5%的草木灰溶液。

（四）萝卜施肥技术

萝卜施肥应以基肥为主，追肥为辅，采取有机肥与化肥配合施用的原则。

1．基肥

施足基肥是萝卜丰产的关键，一般每亩施用充分腐熟的有机肥 3000～4000kg、过磷酸钙 40～50kg、氯化钾或硫酸钾 15kg 左右，或施用氮、磷、钾配比为 1∶1∶1 型高浓度复混肥料 35～40kg。

2. 追肥

追肥以速效氮、钾化肥为主。全生育一般分为 3 次追肥。第一次追肥通常在 2～3 片真叶展开时进行。由于幼苗营养体小，追肥要求轻施，通常每亩追施尿素 5kg 左右，兑水条施穴施。如基肥氮素充足，也可不施。第二次在隔 15 天左右，萝卜进入莲座期时，以追施氮肥为主，配施钾肥，每亩施尿素 5～10kg、氯化钾或硫酸钾 4～5kg，或施用复混肥料 10～20kg。第三次大约再过 15 天左右进行，进入肉质根生长盛期应以钾肥为主，配施少量氮肥，每亩追施氯化钾或硫酸钾 10kg 左右、尿素 5kg 左右。在肉质根膨大期，不要偏施氮肥，尤其是不要过量氮肥，否则会使肉质根中氮碱的含量增多，使萝卜味道变苦。

三、莴笋施肥实用技术

莴笋又称为莴苣，一到二年生蔬菜，主要食用肉质的根茎。嫩叶也可以食用。茎、叶中含莴苣素，味苦，有镇痛的作用，莴笋的适应性强，可春秋两季或越冬栽培，以春季栽培为主，夏季收获，产期为 1～4 月。原产于我国华中或华北。地上茎可供食用，茎皮白绿色，茎肉质脆嫩，幼嫩茎翠绿，成熟后转变白绿色。秋季栽培茎用莴笋对肥水要求严格，通过合理水肥管理，前期叶面积迅速扩大和后期肉质茎的横向膨大是取得较高产量和较好品质的关键。

（一）莴笋营养特性

莴笋的整个生育过程包括种子发芽期、幼苗期、莲座期、肉质茎形成期和开花结实期。莴笋分叶用和茎用两种，适合春秋两季种植。莴笋施肥既强调氮、磷、钾、钙、镁、铁、锌等大、中、微量元素及有机、无机的合理配施，也突出养分关键期和养分最大效益期的科学管理；否则，管理不当不仅浪费肥料，还会引起徒长和过早抽薹，不能形成硕大肥嫩的肉质茎。同时，由于天气原因容易引起霜霉病、白粉病等叶部病害的感染和传播，多年重茬种植也容易引起土传病害如茎部腐烂的发生，严重影响销售品质，减少收益。因此，合理肥水管理和科学病害管理是秋莴笋栽培成败的技术要点。

（二）莴笋需肥规律

莴笋以肥沃、保水保肥的土壤为宜，适于 pH 值 6 左右的微酸土壤。莴笋耐酸能力很差，南方地区菜园土壤 pH＜5 时，每亩需施用生石灰 150～200kg。氮肥全部做追肥，按照 20%、30%和 50%在移栽返青期、莲座期和快速生长初期分 3 次追施；钾肥 40%～50%基施，其余部分在莲座期和快速生长初期分 2 次追施；磷肥全部作基肥条施或穴施。

（三）莴笋施肥技术

1．基肥一次施用腐熟农家肥 1000～1500kg/亩。

2．每亩产量水平在 3500kg 以上：施氮肥（N）16～18kg、磷肥（P_2O_5）7～9kg、钾肥（K2O）8～10kg。

3．每亩产量水平为 2500～3000kg：施氮肥（N）14～16kg、磷肥（P2O5）5～6kg、钾肥（K2O）6～8kg。

4．每亩产量水平为 1500～2000kg：施氮肥（N）12～14kg、磷肥（P2O5）4～5kg、钾肥（K2O）5～6kg。

第二节 茄果类蔬菜施肥实用技术

辣椒、茄子是人们十分喜爱的蔬菜，种植面积已占蔬菜总面积的10%以上。“怕不辣”的四川人每日都离不开辣椒。要想辣得好、辣得香，就要合理施好肥。

一、辣椒施肥实用技术

辣椒属茄果类蔬菜，果实分辣味型和甜味型。辣味型既可作鲜菜食用，又可作为调料用。甜味型辣椒含有丰富的维生素，主要用作蔬菜。辣椒栽培有着悠久的历史，现成为世界上仅次于豆类、番茄的第三大蔬菜作物，在全球温带、热带、亚热带地区均有种植。尤其在中国、美国、印度、印尼等国栽培颇多，它是中国仅次于大白菜的第二大蔬菜作物。古往今来，辣椒已发展成为一个庞大的家族，其种植资源多达 7000 多份，尤以拉丁美洲、非洲、亚洲居多，中国就有 2119 份。我国辣椒栽培面积达 1950 万多亩，年产青、干椒 1.3 亿吨。辣椒在四川、湖南、浙江、贵州、新疆等地种植面积大，销往全国各地。

辣椒生长对土壤营养有较高的要求，这与其根系不发达有关。辣椒根为浅根系，根量少，而且不易生不定根。茎直立，易木质化，多级分支，果实单生或簇生。辣味型辣椒在肥沃程度中等的土地上，甚至在瘠薄的土地上也能生长发育。辣椒属喜温蔬菜，能够生长的温度范围为 15～35℃，最适宜的温度为 25～28℃，温度过低易引起落花落果。大棚栽培一般在 2 月下旬至 3 月上旬移栽，露地和覆膜栽培在 4 月中旬进行移栽。辣椒喜湿润，怕旱怕涝，宜选地势高，排水良好的土地，深耕翻，做成高畦，要求土壤湿润不积水，以潮湿易渗水的砂壤土为好。土壤的酸碱度以中性为宜，微酸性也可。

（一）辣椒营养特性

辣椒体内养分含量高，生育期长，需肥量大，它的产量的形成是通过吸收矿物质、水分和二氧化碳的营养过程，促进植株生长发育的一系列生命活动而实现的。辣椒高产需吸收充足而且平衡的氮磷钾养分，营养失衡常常造成减产和品质降低。正常生长除了适量的氮、磷、钾肥外，对钙、镁、硫、硼等中微量元素的需求也较高。合理的增施肥料是提高产量的有效措施之一，其中氮、磷、钾三要素对辣椒的生长发育和产量、品质的形成有着直接的影响，且氮、磷、钾的需求量，除部分由土壤供应外，还需靠基肥和追肥补给。同时，合理施用有机肥能显著提高辣椒的产量，增加粗蛋白的含量，还能明显改善辣椒的营养价值和卫生品质。辣椒在施用有机肥后，随施用量的增加，辣椒果实中 Vc 含量呈直线上升。

1. 氮素营养

氮是蛋白质、核酸、磷脂的主要成分，而这三者又是原生质、细胞核和生物膜的重要组成部分，它在生命活动中占有特殊作用。氮素营养充足时，能促使茎叶生长，扩大同化面积，延长叶片功能期，提高光合作用效率和净光合生产率，利于养分的积累，以提高辣椒干物质含量和产量。

2. 磷素营养

磷是核酸、核蛋白和磷脂的主要成分，它与蛋白质合成、细胞分裂、细胞生长有密切关系，此外，它还参与碳水化合物的代谢与运输，对辣椒果实的生长有利。磷肥充足时，能促进根系发育，增强植株的抗旱、抗寒能力和适应性，提高氮肥的利用率，幼苗发育健壮，有利于植株体内的各种物质的转化和代谢，促进植株早熟，提高辣椒的品质和耐贮性。

3. 钾素营养

钾素与氮磷不同，它不参加植株体内有机物质的组成，呈一价离子状态存在，主要集中分布在生长活跃的部分，如生长点、幼叶、形成层等部位，起调节生理功能的作用，促进光合作用和提高二氧化碳的同化率，促进光合产物的运转和体内蛋白质、淀粉、纤维素的合成与积累。辣椒是一种喜钾植物，在整个生育期中对钾的需求都很大。钾能促进碳水化合物的运输，促进光合作用和 Vc 的合成。施用钾肥，能提高辣椒 Vc 和全糖含量。钾肥充足时，能使植株生长健壮，茎秆坚实，叶片增厚，延迟叶片衰老，增强抗寒和抗病性。

一般来说，若生产 1000kg 辣椒，总共需要纯氮肥 11kg、五氧化二磷 8～10kg、氧化钾 13kg、氧化钙肥 2kg。养分吸收量的顺序为：钾＞氮＞钙＞磷＞镁＞硼。从幼苗期到现蕾，对氮、磷、钾的吸收量较小，占总吸收量的 5%～8%；从现蕾到开花，占总吸收量的 10%～12%；从初花期到盛花结果，约占总吸收量的 35%；盛果期植株营养生长转弱，生殖生长增强，对养分的需求量也最多，约占总吸收量的 45%～50%。

辣椒正常生长所需的养分量不仅要足够，而且比例适当才能长势旺、结果多、品质好。不同氮钾肥配比对辣椒产量的影响差异显著，且在氮肥用量较低和较高时，配施效果都不明显，只有氮肥用量适中时氮钾肥配施效果才明显。增施磷钾肥可提高辣椒的 Vc 含量，过量施氮则会降低辣椒中的 Vc 含量和还原糖的含量，而氮钾配施就可明显增加果实中的 Vc 含量，可溶性糖及蛋白质含量。硼是辣椒的重要营养元素之一，在缺硼的土壤上施硼砂，对辣椒的增产非常显著，但对辣椒的果实大小、单果重、形状、辣味等品质因素没有影响。辣椒施锌可增加株高和茎粗，降低发病率和病情指数，提高产量，增加果实中的锌含量。

（二）辣椒需肥规律

辣椒植株吸收的养分数量在各器官中的分配随生育期不同而变化。幼苗期吸收养分量极少，主要集中在结果期。移栽后至初花期对氮的吸收也不多，吸收量随着营养生长不断增加，吸收高峰出现在盛果期（7 月中下旬），在这期间，需要补充足够的氮素营养。盛果期后急剧下降，接着在生殖生长期平缓下降。养分吸收量与生长状况密切相关，长势旺则吸氮量也较多。生长后期对养分的需要量较少。不同品种的辣椒的旺长期不同，因此吸收高峰期略有差异。磷的吸收规律则是：其吸收量随着生长期先迅速升高，不断从茎和叶中转移到果实里，盛果期后对磷的需求量迅速减少。若辣椒长势稍弱，则磷在吸收高峰期变化稍平缓，吸收量也较少。钾吸收量也是随着生长期先迅速升高，在盛果期达到最大值，生长后期逐渐降低，趋于平缓并维持到一定水平。

辣椒需肥总规律是：移栽成活后不断从土壤中吸收养分，幼苗期较缓慢，进入营养生长期后吸收养分迅速且量大，到生殖生长后达到吸收高峰，接着迅速转移到旺盛生长的果实里，随后逐渐降低并维持在较低水平，以满足不断开花结果的需要。在吸收高峰期前，提供足够的氮磷钾是非常重要的，而且追肥量要足够，才是高产稳产的保证。

（三）辣椒缺素症状及防治措施

1．缺氮

（1）缺氮症状。缺氮时整株长势弱，从基部叶片开始变黄，逐渐向新叶扩展，不发新枝，叶小果小，花蕾减少，落花严重，后期早衰。

氮肥过量则叶色浓绿，枝叶徒长，推迟开花坐果，易发病害。氮素多，不利于辣味素的形成，果实辣味差。

（2）防治措施。缺氮时可用清粪水加适量尿素，加水稀释后浇施或穴施，也可叶面喷施 0.15%～1%的尿素溶液。

2．缺磷

（1）缺磷症状。辣椒缺磷时，表现为生长缓慢，植株矮小或细弱僵立，缺乏弹性，分枝减少，叶片卷曲呈杯状，叶片与叶柄均向上直立；严重缺磷时，植株基部小叶的叶尖先褪绿变褐，并逐渐向全叶扩展，最后整片叶片枯萎脱落。顶部叶浓绿，下部叶带紫色，花芽不能形成，不仅开花期延迟，而且落花落果。

磷素过多容易出现畸形果实。

（2）防治措施。缺磷时每亩可用过磷酸钙 0.15kg 浸泡过夜，取上清液加水至 50kg，可适当加入 0.15kg 尿素混合喷施，连喷两次，可缓解症状；也可每亩用磷酸二氢钾 0.1～0.15kg 加水 50kg 喷施。

3．缺钾

（1）缺钾症状。缺钾时下部叶片首先出现病症，叶尖及叶边缘变黄，有黄色斑点，以后向中部扩展叶尖及叶缘呈黄褐色，严重时会枯死脱落。植株生长变慢，节间变短，叶面上常出现褐色坏死斑点或斑块，小叶叶尖萎缩，叶片向下卷曲，叶脉下陷；缺钾严重时植株呈“顶枯”状。

（2）防治措施。发现缺钾时可及时追施硫酸钾，每亩用量为5～8kg。也可叶面喷施2%左右的硝酸钾溶液或1%硫酸钾或撒施草木灰。

4．缺钙

（1）缺钙症状。辣椒缺钙叶尖和叶缘部分黄化，部分叶片的中肋突起。结果期缺钙时，果实发生脐腐病或者僵果。土壤中一般不缺钙，但是在连续多年种菜的地块，在过量施用氮、钾肥时，在土壤严重缺水时就会导致辣椒缺钙。

（2）防治措施。缺钙时增施有机肥，避免偏施氮肥，防止土壤干旱，灌水后要及时松土，在酸性缺钙土壤上可增施钙肥。

5．缺硼

（1）缺硼症状。缺硼时对花器官发育和开花结果影响非常大，常出现花而不实、落花落蕾。顶端茎及叶柄折断后可见内部黑色，茎上有木栓状龟裂，叶柄上易出现肿胀环带，阻碍养分运输。叶片发黄，心叶生长慢，严重时老叶枯萎，心叶不长。根系生长差，严重时腐烂变黑枯死。若土壤中速效硼低于0.2mg/kg时易出现上述缺硼症状。

（2）防治措施。缺硼时每亩用硼砂 50～100g，温水溶解，加水50kg进行叶面喷施，每隔7天喷一次，连喷二三次。

6．缺铁

（1）缺铁症状。缺铁时幼叶和新叶呈黄白色，叶脉残留绿色。酸性土壤、多肥、多湿的条件下容易发生此症。

（2）防治措施。缺铁时可叶面喷施0.12%～0.15%的硫酸亚铁溶液，每隔7天喷一次，连喷二三次，每亩每次喷液50～75kg。

7．缺镁

（1）缺镁症状。辣椒果实膨大期时，缺镁表现为靠近果实的叶片叶脉间开始发黄。在生长后期，除叶脉残留绿色外，叶脉间均变黄，严重时，黄化部分变褐，落叶。

（2）防治措施。缺镁时应及时喷施0.1%的硫酸镁溶液。

（四）辣椒施肥技术

氮、磷、钾三大营养元素在辣椒的正常生长发育中各自发挥着重要的作用，但三者之间又存在着强烈的交互作用，任何一种养分的缺乏或过量都会成为其他养分充分发挥肥效的限制因素。在适量氮供应范围内，辣椒植株对磷的吸收量随供氮水平提高而递增，向果实中转运的磷也较多，其转运率达60%～67%。而用氮量超过此范围，植株体内积累的磷量和向果实中的运转率均降低。不同氮素水平对植株吸收钾的影响与磷基本相似，亦即供氮偏高时，植株对钾的吸收利用反而有下降趋势。在低氮水平下增施钾肥效果不明显，而在中高氮水平下增施钾肥，植株含氮量几乎成直线增加，这说明钾肥的作用只有在供氮充足时才能表现出来。此外，单施钾肥会抑制植株对钙镁的吸收，其中钾和镁的拮抗作用较为强烈，而钾氮配施则可减轻由于钾对钙镁的抑制而带来的不良影响

钾能促进辣椒对氮的吸收。施钾能降低根际土壤pH值，改善根际氧气状况，加强体内氮代谢。施钾对植株吸磷量的

影响也较明显，钾降低了根际土壤 pH 值，从而增加了土壤磷的溶解度，提高了磷的有效性。氮、磷、钾配施对改善辣椒品质的影响很大，如施氮过多会降低辣椒中的 Vc 和还原糖含量，果实易腐烂等，而氮钾配施却可明显增加果实中 Vc、糖及蛋白质含量，红辣椒果皮着色均匀鲜艳，有光泽，单果重大等。有机肥具有缓释培肥、协调供氮性能与作物碳氮代谢的作用，有利于辣椒品质的改善。在生产实践中，考虑施用有机肥料的基础上，根据土壤肥力和目标产量确定适宜的氮、磷、钾用量，合理配合施肥，不仅可提高辣椒产量，改善辣椒品质，而且还可降低成本，提高肥料利用率。

辣椒是需肥量较大的作物，特别是高产早熟品种，更应重施底肥，底肥应是优质有机肥与化肥配合施用。有机肥可以是土杂肥、鸡粪、饼肥等。施肥总的原则是："苗期淡、花期稳、盛果期重。"在施肥技术上，要重施基肥，巧施追肥。施肥量由土壤测试和田间试验结果而定，应根据土壤本身的肥力状况，肥力高的地块可适当少施，避免不必要的浪费；肥力低的地块则可酌情增加施肥量。下面就肥力中等的地块种植辣椒为例介绍合理施肥技术。

1. 苗期施肥

首先要选土壤疏松肥沃的地块育苗，育苗前将堆腐好的粪土以 1∶3 的比例混合均匀。每 1000kg 培养土中再拌入过磷酸钙 1kg、草木灰 20kg、尿素 0.25kg，充分拌匀即可使用。苗期氮和钾不宜过多，少施或不施追肥，以免枝叶生长过旺，延迟花芽分化和结果。如果苗子长势差，可追施一两次清粪水。移栽前可用清粪水加少量尿素追一次肥，每 50kg 清粪水可加入 100g 尿素，待溶解后充分混匀、撒施。

2．基肥

辣椒生长期较长，施足底肥十分重要。地膜覆盖栽培的辣椒植株根系生长浅，前期生长旺盛，从土壤中吸收的养分多，但覆盖地膜后追肥不方便，因此，底肥应施入足够的氮、磷、钾并配以含氮磷钾养分高而全的优质、腐熟有机肥为主，以供全生育期生长所需。氮、磷、钾、有机肥合理搭配，才能满足辣椒发棵和结果的需要。基肥中氮肥和钾肥一般占总施肥量的 50%～60%，磷肥作基肥一次性全部施入。每亩用尿素 10～15kg、过磷酸钙 40～50kg、硫酸钾 10～15kg，最好配施农家肥 2000～3000kg；也可用农家肥配施复混肥料 50～60kg。撒施后开厢打窝移栽，或开厢起垄后中沟条施底肥。施底肥后应及时覆土并整平厢面，充分浇水后覆膜。为了使幼苗移栽后不断肥，可在施底肥后整平的厢面上每亩撒施 100g 尿素，再覆膜。

3．追肥

辣椒喜肥同时又不耐浓肥，根据生长和需肥规律，追肥一般占总施肥量的 40%左右。辣椒生长的前期，由于植株较小，需水量小，地膜覆盖可减少土壤水分的蒸发。因此，辣椒移栽时通常采用地膜覆盖栽培。同时，地膜栽培可抵抗早春低温，气温偏低使定植初期辣椒根系发育不良、生长缓慢，高温季节到来时植株尚未封垄而引起的死苗。早春覆膜可使耕作表层地温增加 3～6℃，并具有保持土壤墒情，减少灌溉次数，防止土壤养分流失，改善土壤结构，防止杂草，减少病虫害等作用。但地膜辣椒生育期长，生长量大，产量高，追肥不便，只靠基肥不能满足整个生长期的需要。撒施化肥的自然挥发量在 70%以上，作物吸收不足 30%，会造成肥料的浪费。

（1）追肥时期及追肥量

覆膜栽培时可在初花期时一次性追肥，追肥主要是氮肥和钾肥，追肥量为全施肥量的40%。每亩用尿素10～15kg、硫酸钾5～8kg追肥，还可配以农家肥以便提供结果时所需的大量养分。

露地栽培时，追肥较为方便，可多次追肥。根据其生长和需肥规律，应采取轻施勤施的原则。辣椒施肥次数多是保证长时间生长结果和抗恶劣环境的需要，在早期开花以前的一段时间里应多施氮肥，促进枝叶的生长，增加开花数和开花数目，但开花结果的时间会延迟一些。如果要提早采收，则在现蕾以前，少施氮肥多施磷钾肥。等到第一批果实结成之后，才适当增加氮肥。如提早结果，对总产量有影响。

第一次追肥可于定植后10～15天，为促苗早发棵，每亩随水追施稀人粪尿800～1000kg或蔬菜专用肥15～20kg。

第二次追肥在门椒膨大期。这时，不仅植株不断增长，第二层（对椒）、第三层果实（四门斗）也在膨大生长，上部还要形成枝、叶和陆续开花结果，是追肥的关键时期。每亩追施高钾型复混肥料（比例为10∶15∶15）15～20kg，或尿素8～10kg加硫酸钾2～3kg，可配以腐熟的油枯或豆饼肥30～50kg。

第三次在对椒膨大期，每亩施用尿素10～12kg、硫酸钾2～3kg。

第四次在四门斗膨大期，每亩施用尿素8～10kg、硫酸钾或氯化钾2～3kg即可。

立秋后天气转凉，植株又恢复短期的旺盛生长，秋椒大量坐果，这时应追少量速效氮肥，配以磷钾肥。干旱时可浇1次水，促进结果，以增加产量。

（2）追肥方法

覆膜栽培的辣椒追肥时可穴施或开沟条施追肥并即时覆土。追肥应穴施或开沟条施并即时覆土，同时可提高肥料利用率。穴施时在两株辣椒之间开窝，采用“一管二”的方法施入后盖上土，并浇水以利于吸收；条施时在两行之间开沟，施肥浇水后盖土。追肥后，必须浇水灌溉，以提高肥效，防止肥害。追肥能满足盛果期大量营养的消耗，因此，及时充足地施追肥才能保证稳产高产。一般来说，追肥一次既省工又可满足辣椒中后期生长发育所需。天干时可配合清粪水浇灌。

4．根外追肥

（1）液体肥料

缓苗期每天在叶面用 0.2%磷酸二氢钾溶液加 0.1%尿素溶液喷施，不但能促使缓苗，有利于发根，而且能增加产量。

开花结果期间用0.5%的尿素加0.3%的磷酸二氢钾溶液、0.2%的硼砂溶液进行叶面喷施，可弥补土壤施肥的不足。不但肥效快，而且肥料利用率也高，是丰产栽培的一项重要追肥方法。

在盛果期可以喷200～300 倍硼砂水溶液来提高坐果率。

在整个生长期，多次喷洒尿素 300 倍液、磷酸二氢钾500～800 倍液，有明显的保花保果效果，普遍能增产 10%左右，而且能提高干椒品质。

对于微量元素肥料，也可用叶面喷施的方式进行。叶面喷肥还可与喷药防治病虫害结合进行，以减轻劳动量。每亩用水量以布满叶片为宜。

（2）气态肥

二氧化碳是辣椒进行光合作用制造养分必不可少的主要原料之一，也称为气肥。冬季温室内栽培辣椒，处于相对密闭的状态，二氧化碳被植株消耗掉，浓度下降很快，不能满足光合作用的需要。因此，有条件的温室大棚在辣椒开花结果期可施用二氧化碳气肥。

① 施用时间和施用量

施放时间为每天上午拉开不透明覆盖物后0.5～1h，追施二氧化碳2～3h，通风前1h停止施用，1天施放1次。浓度为冬季800～1000mL/m^3，春季为1200 mL/m^3，阴雨天不施用。

② 施用方法

A．燃烧法。采用天然气、白煤油等，用二氧化碳发生器补施气肥。一般来说，1kg天然气可产生3kg二氧化碳气体，1L煤油可产生2.5kg的二氧化碳气体。

B．液态二氧化碳直接释放法。可采用酿造和酒精工业的副产品液态二氧化碳，经压缩装在钢瓶等容器内，在大棚内直接释放或经管道释放。

C．化学反应法。目前主要采用碳酸氢铵和稀硫酸反应产生。碳酸氢铵与浓硫酸的重量比约为1∶1.7，浓硫酸需稀释再与碳酸氢铵溶液混合，至反应不再产生气泡时结束。可将反应后冷却的剩余液加水稀释50倍以上作追肥。

二、茄子施肥实用技术

茄子为茄科茄属一年生草本植物，是重要的茄果类蔬菜。

其果实颜色多为紫色或紫黑色，也有淡绿色或白色品种，形状较多，有圆形、椭圆、梨形等，一般是采摘嫩果来食用。

茄子是喜温作物，比较耐高温。对光周期长短的反应不是特别敏感，只要温度适宜，从春到秋都能开花、结实。茄子主要以露地栽培为主。

（一）茄子营养特性

茄子是喜肥需肥量较大的蔬菜，对氮、磷、钾的吸收量是钾>氮>磷。氮素是影响茄子产量的最主要限制性因子，磷、钾肥的产量效应相对较低。氮供应充足则茎粗叶大，发育旺盛，可以形成较多发育良好的花芽，有利于结实率的提高。磷对花芽分化发育有很大影响。钾对花芽的发育虽不密切，但如缺钾或少钾，也会延迟花的形成。另外，茄子在生长发育过程中，还需要一定量的镁和钙。每生产 1000kg 茄子，需吸收氮 3kg、磷（P_2O_5）1kg、钾（K_2O）5kg。营养不良会使短柱花增多，不利于授粉坐果。

（二）茄子需肥规律

茄子对氮、磷、钾的吸收量，随着生长发育而增加。生育初期的肥料主要促进植株的营养生长；苗期增施磷肥对花芽分化及发育也有良好的效果。在盛果期，对氮和钾的吸收逐渐增多，这个时期如果肥料不足，则花发育不良，植株生长不好。氮素对茄子各生育期都很重要，在生长的任何时期缺氮，都会对开花结实产生极其不良的影响。在第一批果实迅速膨大之前，植株对氮素的吸收是逐渐增加，至结果盛期达到最高峰。氮、磷、钾配合使用，可以起到相互促进的作用。

（三）茄子缺素症状及防治措施

1．缺氮

（1）缺氮症状。缺氮时，茄子叶片颜色变淡，老叶出现黄化症状直至干枯脱落，心叶发育受阻、变小，茎色常有改变，花蕾停止发育。

（2）防治措施。茄子定植前施足底基肥，基肥要以优质农家肥为主，生长期避免田间积水，及时追施速效氮肥或人粪尿，或用 0.3%～0.5%尿素溶液进行叶面追肥。

2．缺磷

（1）缺磷症状。地势低洼，排水不良，地温过低，偏施氮肥容易出现缺磷。缺磷时，茄子叶片变小，颜色变深，叶脉发红；茎秆变得细长，纤维素含量增加；花芽分化和结果期延长。

（2）防治措施。定植前，施足过磷酸钙或磷酸二铵作基肥；生长期发现缺磷，用 0.2%磷酸二氢钾溶液或 0.5%过磷酸钙浸出液叶面喷施。

3．缺钾

（1）缺钾症状。茄子缺钾时，在发生初期心叶变小，生长速度减慢，叶色颜色变淡；在发生后期叶脉间失绿，出现黄白色斑块，叶尖叶缘渐干枯。生产上，茄子的缺钾症较为少见。

（2）防治措施。生产上应避免与喜钾蔬菜连作；土壤要干湿适宜，雨水多的月份要及时排水和松土。出现缺钾症状时，可增施钾肥和有机肥进行防治，每亩可追施硫酸钾或氯化钾，也可有机肥与钾肥混施，施肥安全同时又能提高肥效；

或可用 0.2%～0.3%磷酸二氢钾溶液或 10%草木灰浸出液进行叶面喷施。

4．缺钙

（1）缺钙症状。茄子植株生长缓慢，生长点畸形，幼叶叶缘失绿，网状叶脉变成褐色，为铁锈状叶；严重时，果实易发生脐腐病。

（2）防治措施。发现缺钙，及时补施钙肥，氮、钾肥过多，阻碍茄子对钙的吸收；空气干燥，植株蒸发量大，补水不足。及时补施钙肥，或叶面喷施 20%的氯化钙溶液，每隔 5 天喷 1 次，连喷两三次。

5．缺镁

（1）缺镁症状。茄子缺镁时，叶脉附近特别是主叶脉附件叶片出现黄化，果实变小，发育不良。生产上，茄子的缺镁症较为多见。

（2）防治措施。保持土壤比较湿润，防止因土壤盐分浓度过高而造成对镁吸收的抑制；增施含镁肥料，如硫酸镁、氯化镁、硝酸镁、氧化镁、钾镁肥等；在茄子生长期或发现植株缺镁时，可用 1%～3%硫酸镁或 1%硝酸镁溶液叶面喷施。

（四）茄子施肥技术

培育出壮苗对茄子的整个生育期都很关键。苗床按有机肥 2200kg/100m^2、过磷酸钙和硫酸钾各 5kg/100 m^2；当茄苗长到 4～5 片真叶时，如果下部叶片颜色较淡，可叶面喷施 0.1%～0.2%的磷酸二氢钾，或者喷施 0.2%的尿素。定植前每亩施充分腐熟的有机肥 3000～5000kg、过磷酸钙 20～50kg、硫酸钾 10～15kg。定植后结合浇水，施腐熟的稀薄粪肥；门茄“瞪眼”期结合浇水每亩人粪尿 1000kg，每亩追施氮肥（尿素）10～20kg，每隔 15 天左右追 1 次肥，缺钾区可追施钾肥，也可用 0.3%的磷酸二氢钾进行叶面喷施。中晚熟栽培的，在结果盛期，可用 0.2%尿素或 0.3%的磷酸二氢钾进行叶面喷施，也可用沼液兑水稀释后喷施，有利于植株的生长和坐果。

第三节 其他蔬菜施肥实用技术

四川蔬菜品种很多，不同蔬菜的营养特性、需肥规律差异大，不同的蔬菜栽培方式，其施肥技术也千差万别。

一、黄瓜施肥实用技术

黄瓜根系浅，主要分布于表上 25cm 的范围内，5cm 内更为密集，以选择富含有机质、透水性好、既能保水又能排水的腐殖质土壤进行栽培最为适宜。

（一）黄瓜营养特性

黄瓜全生育期需钾最多，其次为氮，再次为磷。开花以前为黄瓜的营养生长时期，此时黄瓜的植株较小，养分需求量也相对较少；开花以后，黄瓜生殖生长开始，营养生长还继续进行，逐渐进入结瓜盛期，这时对养分的吸收量最大，氮、磷、钾等养分在此期的吸收量约占全生育期所需养分的 50%～60%。每生产 1000kg 黄瓜需氮 2.6kg、磷 kg、钾 3.5kg。

（二）黄瓜需肥规律

黄瓜喜肥但不耐肥，是典型的果蔬型瓜类作物。黄瓜定植后 30 天内吸氮量呈直线上升趋势，到生长中期吸氮最多。

进入生殖生长期后，对磷的需要量剧增，而对氮的需要量略减。在黄瓜的结瓜盛期，充分供应黄瓜所需的养分对提高产量有显著的作用。如果氮素不足，黄瓜叶片的叶绿素含量减少，光合能力降低，植株营养不良，而对磷的吸收也会受阻。黄瓜全生育期不能缺磷，绝不能忽视磷肥的施用。钾对光合作用和物质分配有很大关系，特别是前半期缺钾造成的后果比后半期更为严重，因此要重视前期施用钾肥。

（三）黄瓜缺素症状及防治措施

1. 缺氮

（1）缺氮症状。黄瓜缺氮造成叶片小，叶片自下而上逐渐变黄，叶脉黄化，最后整个叶片变黄，坐果数少，瓜果生长发育不良，茎蔓表现茎细，茎色黄淡韧性较差。株型矮小，长势弱，果实多为小头果。

（2）防治措施。基肥施用腐熟的有机肥，注意改造土壤，以增强土壤的保肥能力。地温较低时可施用硝态氮肥，同时补充磷钾肥。也可把碳酸氢铵、尿素混入10～15倍有机肥料中施入。另外，根系吸收养分受限制时，可采用叶面喷施0.2%～0.5%尿素溶液的方法补充氮素。

2. 缺磷

（1）缺磷症状。黄瓜生长初期叶片小，木质化，叶色浓绿，植株生长缓慢；果实成熟晚，收获期延后。

（2）防治措施。改良土壤，增施有机肥；黄瓜苗期特别需磷，在黄瓜开花期应加大磷肥的施用。生产过程中发现缺磷时，可浇灌磷酸二氢钾溶液到植株根系附近，同时可用0.2%的磷酸二氢钾或0.5%的过磷酸钙水溶液叶面喷施。

3．缺钾

（1）缺钾症状。黄瓜缺钾症状首先发生在老叶，生育前期出现缺钾症状时，叶缘轻微黄化，后扩展到叶脉间；生育中后期，中位叶附近出现上述症状，后叶缘枯死，叶向外侧卷曲，叶片稍硬化，呈深绿色；黄瓜瓜条短，膨大不好。

（2）防治措施。黄瓜定植后应施用足够的钾肥。在生长期出现缺钾症状，应及时补施硫酸钾，也可用0.2%～0.5%磷酸二氢钾溶液叶面喷肥。

4．缺钙

（1）缺钙症状。黄瓜缺钙易造成生长点附近上位叶片小，叶片向内或向外侧卷曲，叶缘枯死，并且上部叶片逐渐黄化，果实为“尖嘴瓜”。

（2）防治措施。如果土壤钙绝对含量不足，可深施石灰肥料，以利深层根的吸收，多施腐熟有机肥；防止偏施氮、钾肥；保证水分充足；缺钙的应急防治措施是用0.3%的氯化钙水溶液喷洒叶面。

5．缺镁

（1）缺镁症状。黄瓜缺镁时，下位叶片叶脉间黄化，从叶内侧开始失绿，叶脉和叶缘有残留绿色，生育后期叶片除叶脉、叶缘残留绿色外，其他部位全部黄白化，严重时叶片自下而上逐渐枯死。

（2）防治措施。种植前对土壤进行诊断，如土壤缺镁则要施足镁肥，可选碳酸镁、氯化镁、硝酸镁等。合理施用氮、钾、钙等肥料，保持土壤盐基适当平衡，避免钙、钾施用过量而阻碍对镁的吸收。当出现缺镁症状时，叶面喷施或土壤中施用硫酸镁可缓解。

6. 缺硼

(1)缺硼症状。黄瓜缺硼可造成植株生长点的节间显著缩短，上部叶向外侧卷曲，叶缘呈褐色，有萎缩现象，果实表面出现木质化。

(2)防治措施。对已知缺硼的土壤，可以预先施用硼肥；增施腐熟有机肥；防止偏施钾肥和石灰施用过量引起缺硼；及时灌溉，防止干旱缺硼；出现缺硼症状后，可用0.1%～0.2%的硼砂或硼酸水溶液喷洒叶面。

（四）黄瓜施肥技术

对黄瓜的科学施肥原则是“淡肥勤施”，让黄瓜“少吃多餐”。黄瓜种植一般亩施 5000kg 腐熟有机肥、磷酸二铵 20～30kg、硫酸钾 20kg、过磷酸钙 50kg 作基肥。一般在黄瓜定植后进行第一次追肥，以缓效有机肥为主，以后以速效肥料为主。黄瓜在结瓜后亩施尿素 10～15kg（硫酸铵 12～15kg），配施磷钾肥 15～20kg，以后结合浇水每隔 7～10 天追肥一次。黄瓜整个生育期一般需要追肥 8～10 次。随着黄瓜的收获，养分不断被消耗，需要稳定持续的养分供应。后期忽视追肥，黄瓜因缺肥而早衰，有效采收期缩短，黄瓜产量下降，弯曲瓜等畸形瓜增多。结果盛期后，植株衰老，可用 1%尿素或 0.5%的磷酸二氢钾进行叶面喷施。另可配合多种微量元素叶面追肥，方便简单，省工省时省事，养分全面，吸收养分快，见效快。

二、四季豆施肥实用技术

（一）四季豆需肥规律

四季豆对氮、钾、钙的吸收量大，吸收速率快，而对磷的吸收缓慢，吸收量较少。据研究，每 1000kg 产品需吸收氮

（N）3kg、磷（P_2O_5）2.3kg、钾（K_2O）6kg、镁 1kg，并以开花到种子膨大成熟期养分吸收量最大。四季豆的根系有根瘤，但固氮能力较低，对氮肥的需要量还是较大。四季豆吸钾较多，吸磷虽少，但十分喜磷，基肥中要注意施入磷、钾肥。但缺磷使开花结荚减少，荚内子粒少，产量低，钾能明显影响四季豆的生育和产量。微量元素硼和钼对四季豆的生育和根瘤菌的活动有良好的作用，适量施用钼酸铵可以提高四季豆的产量和品质。

（二）四季豆施肥技术

矮生四季豆生育期短，从开花盛期起就进入旺盛生长期，所以宜早期追肥，促发育早，开花结果多。蔓性四季豆生长发育比较缓慢，大量吸收养分的时间起点较迟，从嫩荚伸长起才旺盛吸收，生育后期仍需吸收大量的氮肥，所以更应后期追肥，防止早衰，延长结果期，增加产量。四季豆施肥时，氮、钾肥分基肥和二次追肥，磷肥全部作基肥。化肥和农家肥（或商品有机肥）混合施用。基肥全部采用穴施，每亩施用农家肥 2500～3000kg 或商品有机肥 350～400kg、尿素 3～4kg、磷酸二铵 11～13kg、硫酸钾 3～4kg。追肥：全部采用灌施，抽蔓期亩施尿素 6～9kg、硫酸钾 2～3kg，开花结荚期亩施尿素 5～7kg、硫酸钾 2～3kg。根外追肥：全部采用喷施，结荚盛期，用 0.3%～0.4%的磷酸二氢钾或微量元素肥料叶面喷施三四次，每隔 7～10 天施 1 次。

三、韭菜施肥实用技术

（一）韭菜营养特性

韭菜是多年生蔬菜，收获期长，对土壤肥力要求较高。肥料的要求以氮肥为主，配合施用适量的磷、钾肥料。只有氮素肥料充足，叶子才能肥大柔嫩；增施钾肥可以促进细胞分裂和形大，加速糖分的合成与运转；施用适量的磷肥，可促进植株对氮肥的吸收，提高产品品质。据研究，每生产1000kg韭菜养分需要量是：氮3.69kgkg、磷0.85kg、钾3.13kg。

（二）韭菜需肥规律

韭菜不同的生长发育时期和生长年限的需肥量也不相同。韭菜在幼苗期生长量小，需肥量也少；至营养生长盛期，生长量大，需肥量也相应增多。1年生韭菜，植株尚未充分发育，株数少，需肥量也较少；2～4年生韭菜，分蘖力强，植株生长旺盛，产量也高，需肥量也多；5年以上的韭菜，逐渐进入衰老阶段，为防止早衰，维持韭菜高产，延长生长年限，施肥仍不可忽视。

（三）韭菜施肥技术

韭菜定植前每亩施腐熟农家肥3000～5000kg、过磷酸钙30kg、硫酸钾20～25kg，底肥施入定植沟，严重缺硼的土壤底肥每亩加施硼砂0.5～1kg。韭苗10～15cm左右，每亩用1000～1500kg粪水加6～10kg尿素兑水浇施。每次韭菜收割后，待伤口愈合适，亩用500～1000kg粪水加6～10kg尿素或15～20kg碳铵兑水浇透，夏季气温高时不用追肥，浇透清水即可。秋季最后一茬收获后，为使下茬韭菜植株生长整齐一致，提高产量和质量，应施好养根肥，可施用适量复混肥料或农家肥养根，如有条件最好进行育苗移栽。

四、大蒜施肥实用技术

大蒜属于百合科植物，为一年生或两年生草本植物，味辛辣。大蒜原产于欧洲南部和中亚，汉代由张骞从西域引入中国陕西关中地区，后遍及全国。中国是世界上大蒜栽培面积和产量最多的国家之一。

（一）大蒜营养特性

大蒜的品种很多，按照鳞茎外皮的色泽可分为紫皮蒜与白皮蒜两种。紫皮蒜的蒜瓣少而大，辛辣味浓，产量高，多分布在华北、西北与东北等地，耐寒力弱，多在春季播种，成熟期晚；白皮蒜有大瓣和小瓣两种，辛辣味较淡，比紫皮蒜耐寒，多秋季播种，成熟期略早。适宜大蒜生长的土壤要耕层深厚、土质肥沃，有机质含量在1.0%以上，以壤土为最佳。

（二）大蒜需肥规律

在增施有机肥的基础上，调氮稳磷增钾，土壤酸碱度适宜范围为pH值5.5～6.0。长期种菜的土壤变酸，可以亩用石灰50～60kg调节土壤酸度；有条件的地方适量补充硫肥，提高大蒜产量品质；氮肥 60%～70%作基肥，30%～40%作提苗肥；有机肥和磷肥全部作基肥；钾肥总量60%～70%作基肥、30%～40%作提苗肥；若基肥施用有机肥，可酌情减少化肥用量、提倡施用配方肥。大蒜栽好后，亩用400～500kg稻草覆盖。

（三）大蒜施肥技术

不同土壤肥力、不同产量水平，氮、磷、钾肥施用量不同。

1．上等肥力土壤。目标产量亩产1100kg以上（包括蒜薹、蒜子产量），油沙田类亩施氮肥（N）7.0kg 左右、磷肥（P_2O_5）3.0左右、钾肥（K_2O）6kg左右；泥田类亩施氮肥（N）8.0kg左右、磷肥（P_2O_5）3.5kg左右、钾肥（K_2O）6.5kg左右。

2．中等肥力土壤。目标产量亩产 950～1100kg，亩施氮肥（N）8.0～8.5kg、磷肥（P_2O_5）3.5～4.5kg 左右、钾肥（K_2O）6.5～7.5kg 左右。

3．下等肥力土壤。目标产量亩产 950kg 以下，亩施氮肥（N）8.5kg 左右、磷肥（P_2O_5）4kg 左右、钾肥（K_2O）6.5kg 左右。

五、生姜施肥实用技术

（一）生姜营养特性

生姜根据用途和种植方式的不同，分为菜姜和种姜两种。菜姜以收获鲜嫩姜（根茎）作蔬菜食用；种姜主要用作中药、食品调料和留种。

菜姜通常在 3 月上、中旬（采用酿热物温床催芽可提早到 2 月中旬）催芽播种，每亩播种 8000～10000 窝，全生育期控制在 150 天以内（生长期过长，根茎组织老化，纤维增多，口感变差，影响质量），亩产 3000kg 左右，收获物（根茎）中干物质不超过 7.5%。

种姜通常在 3 月下旬至 4 月上旬催芽播种，每亩播种 4500～5000 窝，11 月下旬至 12 月上旬收获，全生育期 250 天左右，亩产约 3000kg，收获物（根茎）中干物质占 18%～20%。

（二）生姜需肥规律

菜姜种植一般选择水旱轮作的水稻土，耕作层厚达 40 厘米以上，抗旱防涝的田块。菜姜按亩产 3000kg 计算，需吸收氮（N）10.6kg、五氧化二磷（P_2O_5）3.0kg、氧化钾（K_2O）21.1kg。种姜种植在水旱轮作的水稻土和地形位置较低的旱地，仍以水旱轮作、抗旱防涝的水稻土为主，耕作层厚度 20～

30cm。种姜按亩产3000kg左右计算，需吸收氮（N）17.2kg、五氧化二磷（P_2O_5）5.7kg、氧化钾（K_2O）42.0kg。

（三）生姜施肥技术

1．菜姜施肥技术

底肥：全田撬完窝后，移栽前1～2天，亩用腐熟油枯150kg、尿素10～15kg、过磷酸钙25kg、硫酸钾20～25kg、硼肥1kg混匀后随即均匀施入窝底，并盖3cm细土或土杂肥以便移栽。

第一次追肥：大田栽培，当姜苗顶膜时，及时破膜引苗，有2/3的姜苗顶膜时（栽后30天左右）选晴天下午揭尽地膜，及时查苗补缺，清除田间杂物杂草。亩施农家清粪肥1500kg加硫酸锌1～2kg，提苗壮苗。

第二次追肥：姜主茎叶有五、六片时，亩施农家清粪肥1500kg左右，加尿素、硫酸钾各5～10kg搅匀后窝施攻分枝。并覆土填窝1/2。

第三次追肥：二次分枝出土时，亩施农家肥1500～2000kg、尿素5～10kg、硫酸钾10～15kg。以攻分枝、壮姜、攻高产。同时覆土填平姜窝，以后看苗追肥，上市前30天停止施肥。

2．种姜施肥技术

前作收获，炕田并落干后，亩施腐熟农家粪（或土杂肥）2000kg，欠细埋入土中，清理厢沟和四边沟，整平厢面。

底肥：生姜移栽前施于窝底，每亩用尿素15～20kg、过磷酸钙40～50kg、硫酸钾30～35kg、硼肥1kg混匀后随即均匀施入窝底，并盖3～5cm细土或土杂肥以便移栽。

提苗肥：栽后30天左右，及时查苗补缺，清除田间杂物杂草。亩施农家清粪肥 1500kg 加硫酸锌 1～2kg，提苗壮苗。

分枝肥：姜主茎叶片 5～6 叶时，清除杂草，亩施农家清粪肥 1500kg 左右，加尿素、硫酸钾各 5～10kg 搅匀后窝施，覆土掩肥，攻分枝。

壮姜肥第 1 次：全田大部分二次分枝出土后，亩施农家肥 1500kg。尿素 5～10kg、硫酸钾 10～15kg 配合施用。以攻分枝。

壮姜肥第 2 次：距上次施肥 1 月后，亩施农家肥 1500kg、尿素 10kg、硫酸钾 10～15kg，壮姜肥攻高产。以后看苗追肥。

第五章
其他特色作物施肥实用技术

第一节 柑橘施肥实用技术

我国栽培的柑橘主要是柑橘属，柑橘长寿、丰产稳产、经济效益高，是我国南方果树的最主要的树种。我国年产量 1078 万吨。柑橘果实营养丰富，色香味兼优，既可鲜食，又可加工成以果汁为主的各种制品。柑橘产量居百果之首，广受消费者的青睐。2011 年四川柑橘种植面积 402 万亩，占全省果园面积近一半，总产量达到 319.4 万吨。

一、甜橙施肥实用技术

（一）甜橙营养特性

甜橙需要较多量的矿质营养元素有氮、钾、钙，其次为磷、镁，第三为硫、铁、锌、锰、铜、硼、钼等，共 12 种。此外，甜橙树体还含有氯、钠等其他元素 21 种，其营养特性表现在以下六方面。

1. 养分需求量大

甜橙周年抽梢次数多，结果多，挂果期长，对肥料的需求量大。从树体营养状况看，一般脐橙和柑橘幼树 3 年后，树冠逐渐增加，一年四季都需要充足的肥水供应才能满足萌芽、抽枝、开花和果实发育的要求。氮素是构成叶绿素和蛋白质等代谢作用的基础。桔橙根茎叶花果在适温条件下，一年四季都会吸收氮素肥料，但以4～8月份吸收的氮肥最多。氮含量增加使叶片变绿，产量可以相应增加，而磷钾钙锌镁等元素在新梢生长、细胞分裂和树体内代谢中产生重要的作用。桔橙在结果期间需要大量磷元素，在果实膨大时期需要较多的钾元素肥料，以防叶片扭曲、裂果和果皮皱缩。各种营养物质协调一致，相互配合得好，才能获得优质高产。

2. 对缺素和营养失调较为敏感

柑橘是深根作物，在同一土壤范围内生长长达几十年，根系从土壤中有选择地吸收某些营养元素，容易造成这些元素在土壤中的亏缺。一般情况下，柑橘的缺素和营养失调现象较一般农作物敏感。

3. 树体贮存大量营养

柑橘是多年生木本植物，树体中存有大量的营养。研究表明，供给形成春梢的氮素中，约有30%来自上年叶片中所贮存的养分。因此树体的实际营养状况，除与当年土壤中吸收的养分有关外，春末夏初抽梢开花，很大程度上依赖于树体所贮藏养分的水平。

4. 根系靠共生的菌根真菌吸收养分

柑橘树根一般没有根毛，靠共生的菌根真菌吸收水分、无机养料，同时还吸收生长素和维生素。

5. 营养不平衡易发生大小年。

6. 柑橘对营养的要求因品种、生育期、树龄、砧木等的不同而有差异。

（二）甜橙需肥规律

不同的季节及物候期，甜橙对营养元素的吸收量也不同。春季萌芽时对氮、磷、钾、钙、镁的吸收较少，随着新梢伸长，营养元素吸收增加，开花期增加最快，结成小果后才达到全年吸氮高峰。大部分小果掉落后，氮的吸收量有所下降，但对磷、钾、镁的吸收继续增加，达到高峰。到下一次新梢生长旺盛时，又形成吸氮高峰。中、晚秋氮的吸收量逐渐降低，而磷、钾吸收量继续升高，至晚秋为全年高峰期。总之，氮、钾在新梢期、花期、果期均大量吸收。氮以新梢吸收较多，钾以果实迅速增大期吸收较多，磷在花芽分化至开花及小果期吸收较多，而镁在小果期吸收较多。整个植株（包括果实）吸收量以氮最多，钾次之，磷、镁排第三。土温对吸收影响也很大，晚春到秋季高温期吸收量大，秋末冬初仍吸收相当分量，冬季为全年吸收量最少时期。

1．幼树需肥规律

为加速幼树生长和提早结果和适应幼树多次发梢的特点，甜橙需要多次施肥。发梢前施肥促进发梢和生长健壮，顶芽自剪后至新叶转绿期施速效肥，能促使枝梢充实和促进下次发梢。树小根嫩，宜勤施薄施。四川以促春、夏、早秋梢为主，每年施 5 次，3 月上旬、4 月上旬、5 月底至 6 月初或 7 月下旬及 11 月中旬各 1 次。前 4 次主要促春、夏、秋梢的生长，促幼树迅速长大，后面 1 次在于增强树体营养积累，提高抗寒力。8～10 月一般不施肥以防晚秋梢的发生。为了避免浓肥伤根和流失，施肥次数要增多，做到每次发梢前都施。春梢是以后各次梢生长的基础，因此春梢萌发前的施肥量要增加，以促使多发春梢。此次又是全年的基肥，应兼施迟效肥。为促使秋梢多而齐发，特别是计划次年开始结果的树，应增加发梢前的氮肥用量，而在秋梢充实期则适当增加磷、钾，减少氮量。

2. 结果树需肥规律

（1）为适应甜橙壮梢壮花，延迟和减少老叶脱落要求，需要在春芽萌发前和花蕾期施肥。生产实践和试验证明：在萌发前施速效肥作用很大，促进春梢生长，维持老叶机能，延迟叶落，提高叶的含氮量，使花器发育完全，增加子房细胞分裂数量，提高结果率。对着生花蕾多、尤其是老树，在开花前 3 周加施 1 次肥，能显著促进结果，一般春芽萌发前 20 天左右见绿色花蕾，或春梢停止生长、春叶定型转绿时施肥。

（2）幼果发育期。开花消耗了大量营养物质，叶片氮、磷含量显著降低，开花多的植株谢花时叶会褪色，正是幼胚发育和砂囊细胞旺盛分裂的时期，如营养不足，幼果细胞分裂数少，且极易落果。在谢花时施速效氮肥，对稳果效果显著，这对多花树、老树特别有效。为避免施氮过量促发夏梢引起大量落果，可采用薄肥勤施及根据叶色施肥。对初果树和少果壮树少施或不施，以保持果色浓绿为度，如过淡则施少量氮肥或根外追施尿素二、三次，并增施磷、钾、镁肥。

（3）果实迅速膨大期。生理落果停止后，种子及果实迅速成长，对碳水化合物、水分、钾及其他矿营养物质要求增加，果实对枝梢生长的抑制作用也增强。落果停止后老树施肥壮果；幼年树和壮年树既要促进果实增大，又要及时促使营养枝大量萌发和生长充实，成为良好的结果母枝，施肥能壮果并促发早秋梢。弱树、结果多的树以及山地施肥时期宜较早，水分充足的平地可较迟。若结果过多，还要结合疏果才能促梢。平地和水田区宜在预定发梢前 15～20 天施下，山地在发梢前 30～45 天施促梢肥，肥料应以氮为主，结合磷、钾肥，山地兼施迟效肥。在易于控水的条件下，这一时期可适当增加施肥量，使其比一般结果母枝多1～2片叶，明春能萌发较多的有叶单花果枝。在冬季低温地区，为了避免晚秋梢发生，应及时停止施肥。到末期以氮较少而磷、钾增多为好。

（4）果实成熟期。果实进入着色成熟期，糖迅速增加并继续吸收氮、磷、钾等，这些物质也是花芽形成所必需。因此在采果前后施肥补充营养，恢复树势，增加越冬能力，使花芽分化良好。这次施肥要视树势、结果情况、叶色等适当调配，如叶色浓绿或结果量多者要适当增加磷、钾，树势衰弱要增加氮肥。采前比采后施效果更好。采前施肥在果实着色50%～60%时施，磷、钾肥可稍多，氮肥可稍少。早熟品种和挂果少的树可不施采前肥，晚熟品种、弱树和结果多者最好采前采后都施。

（三）甜橙缺素症状及防治措施

1．缺氮

（1）缺氮症状。氮在土壤中易流失、挥发及渗漏，需要施用量较多。缺氮时发梢不正常，严重缺乏时树势甚至几年也不能恢复。缺氮的植株如施其他元素，树势更衰弱，只宜增施氮肥。但用量过多，则生长过旺，着花及结果减少，果着色迟，果色淡，果皮粗厚，果肉纤维多，果汁糖少酸多，果实品质、风味不良。

连年过多施用硫酸铵、硝酸铵等氮素化肥，会导致甜橙根群不发达，吸收根少，根浅生。这是由于土壤酸性增加，土中残留的铜活性增加，使细根中铜毒。氮过多还破坏营养元素之间的平衡，抑制钾、锌、锰、铜、硼、钼，尤其是磷的吸收利用。

（2）防治措施。甜橙以土壤施用氮素肥料为主，同时可叶面喷施0.3%的硫酸铵或硝酸铵或0.3%～0.5%的尿素溶液。

2．缺磷

（1）缺磷症状。缺磷使生长点及雌、雄蕊发育不良，花数减少甚至无花，种子发育不良，易落果，果皮粗厚，未熟早落，果汁减少，酸多甜味少。缺磷使幼根发育不良，根呼吸作用及吸收力弱，并引起其他缺素病，特别容易缺锰。叶片无光泽，呈古铜色或暗绿色，叶先端或其他部位发生枯焦，叶寿命短，在花期易严重落叶，也易在高温、风害中落叶。

（2）防治措施。磷供应充足时，新梢健壮，促进花芽分化，花多而壮，果早熟，皮薄味甜。因此，在萌芽期、花期、结果期及花芽分化期，根外追磷肥是很适合的。在缺磷土壤上施磷肥有显著增产和提高品质的作用。甜橙主要在根与枝梢生长旺盛的高温多雨季节吸收磷，低温干旱期吸收显著减少，故应注意施肥期。此外，施石灰过多、施氮肥或硫酸铵过多或镁不足时均可妨碍磷的吸收。磷肥过多也有害，使氮、铁、锌、铜、硼的吸收减少，但可以减少线虫为害，促进镁、锰、钼的吸收。

3．缺钾

（1）缺钾症状。缺钾时甜橙顶端优势降低，新梢丛生且多弯曲，易在木质化前脱落。老叶呈古铜色，叶脉黄白或局部变黄，或发生黄斑、胶点、焦斑而破裂。缺钾症状多变而复杂，较典型的是老叶黄化、扭卷，分枝多而短弱、略呈弯曲，新叶小，叶早落，接近花期大量落叶。缺钾使果小，皮薄，易裂果，着色早，不耐贮运，树势不良，根群衰弱，抗寒抗旱、抗干燥抗风力均降低。

（2）防治措施。沙质土、红壤与冲积土含钾量均少，宜适当多施。钾要在温度较高（18～31℃）时施用，以利于吸收。根外追肥宜用硝酸钾。

4．缺镁

（1）缺镁症状。缺镁影响到幼嫩组织及种子的发育，缺镁症状似缺绿症。叶黄素、胡萝卜素生成减少，初期在甜橙成熟的叶片主脉两侧出现不规则的黄斑，随后黄斑扩大，最后只剩主脉两侧保持绿色，常呈略似狭长三角形的绿斑。树势弱，对冻害、干旱及农药的抵抗性弱，易严重落叶及枝条枯死。产量低，大小年显著。果小，可溶性固形物、全酸量及维生素 C 均低。严重影响果色，果皮、果肉色淡，不耐贮藏。缺镁症全年均会出现，但多见于晚夏和秋冬果实迅速增大至成熟期间。结果少的枝条或植株不表现任何缺乏症状，镁对甜橙生长和结果的影响仅次于氮。缺镁常发生在轻沙土和 pH 为 4.5～5 的酸性土中，均因其易流失。土中钾、钙过多，也妨碍镁的吸收，镁和磷有相互促进吸收的作用。氮适当时能促进镁的吸收，镁不足时，氮虽多也不能充分吸收。缺镁又助长锰、锌的缺乏而使症状更复杂。

（2）防治措施。在多雨地区施镁肥有增产效果。用量为氮的 25%～50%。酸性土宜用白云石粉与钙镁磷肥，pH 为 6 以上的土壤宜用硫酸镁。甜橙在高温时吸收镁较多，尤其是小果时吸收量最大，在冬季温度不太低时也可吸收，但宜高温期施用。小果期至迅速增大期可喷几次 2%～3%硫酸镁溶液，而缺乏树应喷 1%硝酸镁，用硝酸镁要多加注意，以防肥害。

5．缺钙

（1）缺钙症状。甜橙缺钙，则细胞分裂受抑制或不能进行，首先是生长点尤其是根尖受害。根生长停滞，抗湿与抗菌性弱，易烂根而梢枯。新梢短弱、早枯，先端成丛芽。叶褪绿首先在叶缘出现，逐渐扩展至叶脉间，严重时主脉黄化，在叶面出现细小死斑。新叶小，主脉缩短形成一些心形叶，落叶早。开花多，落果严重，低产。果小味酸，汁胞收缩，果形不正。要使树体正常代谢，钙与钾、镁须适当平衡。过磷酸钙、硝酸钙、草木灰等含钙量大，在甜橙表现缺钙不多、只是在土壤过酸或钠过多而钙过少时，多用石灰来改良土壤。缺钙时喷 2%氢氧化钙或施石灰、石膏容易恢复树势。钙充分则果实耐贮运，果面光滑，酸少味甜，与磷效果相似。石灰适当施用，能促进磷的吸收，因此也可能有磷所起的作用。甜橙根系在 7～31℃土温均能吸收钙，而以根生长活动盛期吸收多。钙在树体内转移性小，不可能被重复利用。甜橙对钙的需要量不如钾，施钙过多会降低磷、锰、铁、锌、铜、硼的有效性，叶片表现斑驳。老叶绿色，以后新叶更黄更小，早落。花多而弱。新梢短弱、丛生，易干枯和着生丛芽。果小畸形，皮薄汁少，严重时汁胞干缩。

（2）防治措施。酸性土壤施用石灰，调节酸度 pH 为 6～7，增加代换性钙含量；喷施 2%氢氧化钙；增施有机肥，适当少施氮、钾化肥。

6．缺硫

（1）缺硫症状。缺硫则甜橙新叶黄化，与缺氮时相似，叶脉较黄，叶缘叶脉间有部分干枯。老叶绿色，以后新叶更黄更小，早落。花多而弱。新梢短弱、丛生，易干枯和着生丛芽。果小畸形，皮薄汁少，严重时汁胞干缩。

（2）防治措施。甜橙需硫量远比前 5 种元素少，平时施含硫化肥，如过磷酸钙、硫酸钾等，可满足需要。

7. 缺锌

（1）缺锌症状。几乎所有甜橙产区的甜橙都有缺锌症，甜橙更易缺锌。典型症状是斑驳小叶。叶转绿期开始呈现，主脉与侧脉显著绿色，其余组织呈三浅绿至黄白色，有光泽。严重时，仅主脉或粗大侧脉附近绿色，新叶狭小斑驳并多直立，节间短、丛状，枯枝多，落蕾、退化花多，果少、低产，果皮光滑色浅，果肉木质化、维生素 C 低、无味，细根大量死亡。缺锌的甜橙叶比健叶所含蛋白质及核糖核酸均少。多种土壤均缺锌：花岗岩、片麻岩、蛇纹岩土壤含量低，酸硅沙质土易流失，碱性土易成不溶性。此外，磷、钾过多，镁、铜缺乏，深耕伤根，土壤过干、过湿，腐殖质少或施有机质过多恶化根与土粒的接触以及重剪均会发生缺锌症。缺锌也影响其他元素的吸收，呈现复杂症状。

（2）防治措施。叶面喷施易收到防治效果。嫩枝叶易吸收而老叶不易吸收，故冬期喷施效果差。宜每年在嫩梢期喷 0.1%～0.6%硫酸锌（加等量石灰）1 次，严重的喷二三次。

8. 缺铜

（1）缺铜症状。铜的生理作用现尚不清楚，缺乏时氮和碳的代谢不正常，碳水化合物合成减少，甜橙叶中某些氨基酸增加，影响蛋白质的合成。缺铜初期新梢长、软略弯曲，叶大色深，结果不多，易误认为生长过旺。严重时枝梢先端变茶褐色而枯死，发生短弱丛枝，易于枯早落和流胶，枝老熟时伤口呈红褐色。叶片局部呈红褐色锈斑。其后，新梢顶端树叶的叶脉间黄化斑驳，多丛芽，坐果率低，以果柄为中心呈红褐色锈斑，有时布满果面。果小，皮硬，易裂果。果心及种子附近有胶状物，果汁少。须根发育不良，在沙土环境沙粒易黏附形成沙套，包裹须根。不同甜橙种类缺铜症状有差异，甜橙在枝、叶、果肉、果皮均表现流胶。

（2）防治措施。甜橙需铜量甚微，平时喷波尔多液已足用。

9．缺锰

（1）缺锰症状。锰缺乏时叶褪绿，碳水化合物和蛋白质的合成均减少。酸性和碱性土均会发生缺锰症，在 pH 为 5.5 以下的，易淋失；在 pH 为 6.5 以上或碱性土中，则可溶性极低。在强酸性沙土中缺锰，常并发锌、镁、铜缺乏症。低温干旱，常在叶转绿期出现缺锰症。缺锰与缺锌相似，但叶大小正常，侧脉之间褪绿呈暗绿或黄绿，无光泽。果实较小，柔软色淡。枝梢一般不表现症状，但严重时也引起细小枝条枯死。如同时缺锌，枯死更甚。

（2）防治措施。对缺乏树喷 0.1%～0.5%的硫酸锰，可增加产量，使果色较浓、硬度增加。嫩梢太幼易受药害，宜在转绿前喷二三次。锰在树体内不移动，故需全面喷施。

10．缺钼

（1）缺钼症状。缺钼时叶上发生黄斑。早春在叶脉间出现水浸状病斑，后逐渐扩大成黄斑，到夏秋在叶背流胶，后成深黑褐色，斑点坏死开裂成孔。严重缺乏时才在果上表现，果皮出现带黄晕的不规则褐斑，全部落叶。叶和果都在向阳部分出现病斑较多。酸性土易出现缺钼，因呈不溶性。当 pH 为 5.5 以上时，则较少发生。

（2）防治措施。施石灰可增加钼的有效性，效果好。喷1次0.01%的钼酸铵或钼酸钠，喷后20～30天见效。

11. 缺硼

（1）缺硼症状。缺硼时植物体内游离氨基酸增加，蛋白质减少，最显著的是影响分生组织的活动，与生长和细胞分裂有密切的关系。甜橙缺硼时芽的生长点连续枯死而形成丛芽，叶脉肿胀木栓化或破裂；果小畸形，皮厚硬，果心果皮及海绵层均有褐色的树脂沉积；花多而弱。种子发育不良，变黑，萎缩甚至消失。缺硼常在酸性土出现，因易淋失；花岗岩、片麻岩、片岩等的土壤含硼量极低；碱性土可溶性低；磷肥或石灰过多或土壤干旱均影响硼的吸收。酸橙吸硼力弱，酸橙的硼缺乏症较多。

（2）防治措施。可土壤施用，或在萌芽期、花期、小果期喷0.05%～0.1%硼砂或0.1%～0.2%硼酸溶液。硼缺乏与过量的界限甚狭，要注意用量。采用喷洒比施入土中更安全。硼过多可增施氮肥平衡，尤以硝酸钙最佳。

12. 缺铁

（1）缺铁症状。缺铁症状表现在嫩叶，叶肉黄而叶脉绿，叶片呈网纹状失绿，严重时除主脉外全叶变成奶黄色。新叶逐渐变小，最后完全停止生长，但原来健叶仍绿色，这是铁在植物体内移动性小所致。缺铁易出现在石灰或锰、锌、铜、镁过多的土壤。排水不良、早春土温降至16℃致使缺铁症发生。

（2）防治措施。注意排水，调整土壤酸度，保持pH为6～6.5。缺乏时施用铁的螯合剂效果较好，也可喷0.1%～0.2%硫酸亚铁。嫩叶期防治较为有效。

（四）甜橙施肥技术

1．施肥原则

对未进入结果期的植株以促进营养生长为主，氮肥应多，磷肥少，磷为氮量的25%～50%。新荒地酸性较强，吸收率低，磷宜稍多。钾过多则抑制生长，用量约为氮的50%为宜。镁大致与钾相近。结果初期的幼龄树以树冠扩大为主，施氮可稍多。成年丰产期钾可增至氮的70%～80%，施磷大致按果实吸取量稍多一些。树龄渐老生长力弱，氮应占较大比重，磷、钾应适当减少，尤其磷肥因土壤积累已多，可不施或只补充果实的吸取量。应经常检查土壤酸度，及时施石灰。四季施肥的比例应随树龄和发梢难易而适当变更。一般结果树春秋以氮为主，夏冬以磷钾为主；进入成熟期，氮以少为佳，采果前后才恢复氮的适当施用量。丰产树、老树春夏氮肥要加重，占全年60%以上；青壮树春夏氮肥要相应减少，甚至不施。甜橙丰产园全年亩施肥量（以纯量计）：氮40～73kg、磷15～45kg、钾15～35kg。

一般化肥速效，易流失，集中施用易伤根，宜分期、分散薄施。氮、钾易向土壤下层移动，但难横向扩展，宜全面施用。磷肥不易移动，宜深施，并与有机肥混合或制成颗粒状施用。土杂肥、未经沤腐的饼肥在高温水足条件下要于放梢前2个月施用才有效果，在低温少水园地更要早施。地下水位低、根深，要早施深施，10～25cm为度，秋冬深，春夏浅。地下水位高的浅根果园，肥料分解快，易流失，要多次分施，畦面施或开7～10cm浅穴施。

2．施肥技术

甜橙施肥应选雨前或大雨后即时施用。1 年生树以尿素为主。2～3 年生树以 40%的硫基型复混肥料为主，生长期 N∶P_2O_5∶K_2O=2∶1∶1，挂果期 N∶P_2O_5∶K_2O=1∶1∶1。清粪水为 1 份粪兑 3 份清水。以下施肥技术主要适用于四川沙溪庙组母质、遂宁组母质发育的土壤。

（1）春季施肥技术

在 3 月中、下旬前全面完成春肥施用。遇春旱（连续 10～15 天无透雨）则需及时灌透水一次。新栽树（去年夏秋定植）：距主干 15～20cm 每株环形浇施 5kg 清粪水加 0.025kg 尿素，或在雨季撒施尿素，即距离树干 20cm 环状每株撒施尿素 0.05～0.07kg；一年生以上幼树：雨天前后距主干 20～30cm 每株环状撒施尿素 0.1～0.2kg，施后覆土或喷清水，最好结合树盘整理同时进行，使树盘高度达到 25cm 以上、直径 1.5m 以上；2 年生以上及挂果树：沿树冠滴水线每株施硫基型复混肥料 0.1～0.2kg 后淋浇清粪水或清水。

（2）夏季施肥技术

5～7 月期间，每月施一次肥。下雨前后沿树冠滴水线环状撒施，施后无雨应及时浇水或用土壤覆盖，或将化肥直接兑清粪水沿树冠滴水线淋施。幼树每株施尿素 0.1kg/次；定植二三年的甜橙，5～6 月施尿素，每株施 0.15～0.20kg/次，7 月施硫基型复混肥料，每株施 0.25～0.30kg。

（3）秋季施肥技术

甜橙当年夏季栽植树成活后（15 天后）可施清粪水一次，以后每月施肥一次，每株撒施尿素 0.1kg。上年定植的一年生幼树从 7～10 月每月施尿素 0.1～0.15kg，7 月施肥量应加 0.05～0.1kg；前年及以前定植的树，7 月上中旬以前株施硫基型复混肥料 0.25～0.30kg（视树体大小而定）。9～10 月每株追施一次硫基型复混肥料 0.25～0.30kg。结合树盘整理，沿树冠滴水环状撒施于树盘，尿素施后未下雨应浇水，复混肥料施后及时覆盖。

（4）冬季施肥技术

对未施秋肥或秋肥不足的果树，可抢时沿树冠滴水线环状补施冬肥。幼龄果树一般每株先后施用硫基型复混肥料 0.1～0.15kg、清粪水 5～10kg；已挂果树视树体大小，每株先后施用硫基型复混肥料 0.1～0.25kg、清粪水 10～20kg，补肥时间不超过 11 月。

二、柠檬施肥实用技术

（一）柠檬营养特性

1．周年多次抽梢、结果

柠檬在一年中多次抽梢、开花、结果，挂果期长达七八个月，对肥料的需求量大。

2．根系吸收养分需要一定的地温

柠檬是亚热带果树，冬季有相对的休眠期。当地温下降到一定范围时，根系也会进入休眠。到次年开春，当地温上升到 10℃及其以上时，根系才开始活动，吸收养分和水分。

3．对缺素和营养失调较敏感

由于柠檬是多年生的果树，根系在同一土壤范围内生长几十年，而且是有选择地吸收某些元素，时间一长，势必造成这些元素的缺乏。在通常情况下，柠檬缺少营养元素和营养失调的情况比一般农作物普遍。

4．树体营养转移受器官形成支配

柠檬果树在年周期生长中，树体营养的转移受各部器官形成的形态、数量和部位的支配。当树体营养水平低，或树体器官组成数量不协调时，均会妨碍营养物质的正常运转而出现生理障碍。

5．树体可贮存大量营养物质

柠檬是多年生常绿果树，树体中可贮存大量的营养物质。柠檬生长发育，除当年从土壤中吸收的养分外，其春末夏初的抽梢开花，在很大程度上依赖于树体所贮藏的养分。

6．根系依靠共生的菌根真菌吸收养分

柠檬果树依靠菌根真菌吸收水分和养分，同时吸收菌根真菌分泌的生长素等物质。此外，营养不平衡的柠檬植株，易发生大小年的现象。

（二）柠檬需肥规律

柠檬结果早，结果期长，开花量大，一年四季均可抽梢，没有明显的深休眠期，须根发达，需肥量大，一般为落叶果树的两倍。春季的 4 月到秋季 10 月，是柠檬一年中吸肥最多的时期。据研究，每生产 1000kg 柠檬果实，需氮 6kg、磷 1.1kg、钾 4kg、钙 0.8kg、镁 0.27kg。氮磷钾比例为 1∶0.2∶0.7，氮钾需求量较多。柠檬对所需养分的吸收，随物候期的变化而不同。新梢对营养的吸收，由春季开始迅速增长，夏季达到高峰，入秋后开始下降，入冬后基本停止；果实对磷的吸收，从仲夏逐渐增加，至夏末秋初达到高峰，以后趋于平衡。氮钾的吸收从仲夏开始增加，八、九月出现最高峰。

如施肥不当，将带来危害。春梢萌发时氮过剩，往往春梢徒长，降低坐果率。后期氮过剩，晚秋梢不断发生，会影响柠檬越冬。如果果实膨大期缺氮，生理落果严重，果实小，产量低；过多施钾还会增加果皮厚度，影响品质。

（三）柠檬缺素症状及防治措施

1．缺铁

（1）缺铁症状。缺铁时首先表现为嫩梢叶片变薄、叶小，叶肉发黄，而叶脉仍为绿色；严重时，叶片除主脉保持绿色外，其他部位均变为黄色或白色，叶片易脱落；但老叶通常仍然保持绿色。同时枝条变得纤弱，上部弱枝逐渐枯死。果皮发黄，汁少味淡。

（2）防治措施。在新梢生长期，每半个月喷1次0.1%～0.2%硫酸亚铁或柠檬酸铁，或在树干上打孔，用高压方法注入硫酸亚铁、柠檬酸铁或多价螯合铁等溶液；土壤施用螯合铁或将硫酸亚铁与有机肥混合施用；在易发生缺铁产区，尽量选用铁素吸收率高的砧木，如枸头橙、本地早、资阳香橙、高橙和红橘等。

2．缺锌

（1）缺锌症状。柠檬缺锌，枝梢生长受阻，新梢纤细，节间变短，呈直立的矮丛状，严重时小枝枯死。叶片窄小，直立，呈丛生状，也称为“小叶病”；叶肉褪绿，黄绿相间，叶脉间呈黄色斑驳，初为花叶，也称为“花叶病”或“斑叶病”；严重时叶片呈淡黄色至白色，叶片易落。

（2）防治措施。在春梢抽发时，叶面喷施0.2%～0.3%硫酸锌溶液；对于酸性土壤，也可土施硫酸锌，每株50g左右，但中性或石灰性土壤，土施锌肥无效；石灰性土壤可施用生理酸性肥料，以调节土壤pH值，减轻缺锌程度。

（四）柠檬施肥技术

1．施肥时间

二、三月春梢萌动时，施春花肥；在谢花后至果实膨大前，结合保果、治虫，施稳果肥；在七、八月，正值秋梢抽发、果实膨大期施壮果肥；在11月采果后、气温降低前，重施深施采果肥。

2．施肥数量

施肥种类及施肥量应根据每株树近两年产量而定，以每年株产30kg计，一般株施纯氮0.3kg、纯磷0.2kg、纯钾0.2kg，折合施用尿素约0.6kg、过磷酸钙1.0kg、氯化钾0.5kg。在施用化学肥料的同时，根据实际情况，配合施用沼液、鸡粪、猪粪等农家肥。此外，当春花果遭受损失时，应立即增施速效肥，促进五、六月花结果，提高当年产量。

（1）幼树施肥

对未结果的幼树施肥，目的是促进树冠尽快长大，使之尽早投产，但应注意防止过量施肥而出现营养过剩的徒长现象。幼树施肥，要掌握“勤施、薄施”的原则。幼树一般年施肥5～10次，以速效氮肥为主，配合施用磷肥、钾肥和人畜粪。定植苗从3月份春梢萌发开始，到9月份秋梢抽发期，每月施一次30%浓度的腐熟人畜粪水。对一年生柠檬幼树，通常年施纯氮80g、五氧化二磷40g、氧化钾30g，以后逐年增加10g左右。2～4年生幼树，施肥时期集中在各次嫩梢抽生前进行，年施肥五、六次，并在嫩梢期进行三、四次叶片施肥。

（2）成年树施肥

① 春花肥：春梢萌动时，根据树势强弱，分别施用速效氮肥，并配合有机肥。弱树、花量多的树适当多施，强树、花量少的树少施或不施。氮肥用量占全年总量的10%～15%，促春梢、春花健壮生长。

② 稳果肥：谢花后至果实膨大期，多采取叶面喷施0.3%

的尿素，及时补充开花后树体养分的损失，增加坐果量，施肥量占全年的5%。

③ 壮果肥：氮肥占全年用量的40%，磷、钾肥各占50%，以速效肥为主，并配合有机肥施用，采用开穴（沟）施肥。

④ 采果肥：在秋季施肥的另两侧深挖坑，施氮肥量占全年用量的40%，磷、钾肥各占40%，以绿肥、渣肥等有机迟效肥为主。

3．施肥方法

主要施肥方式有：一是环状沟施肥。沿树冠滴水线外侧挖环状沟或半环状沟施肥，如挖半环状沟则每年方向轮换，宽深10～20cm，主要用于幼树施肥。二是条沟状施肥。在柠檬树行间，沿树冠滴水线外侧开沟施肥，每年轮换位置。一般深80～100cm、宽100cm，扩穴改土时深达80～100cm、上宽100cm、下宽80cm。三是盘状施肥。以主干为中心，留出主干周围一小圈，由内向外挖一盘形环带，圆盘内浅外深，然后施肥覆土。四是放射沟施肥。用于成年结果树，离树干3m左右从里向外挖6～8条放射沟，沟内浅外深，然后施肥覆土。

三、宽皮柑橘施肥实用技术

（一）宽皮柑橘营养特性

宽皮柑橘结果早、结果期长，开花量大，在一年中一般抽生春、夏、秋三次梢，所以柑橘需肥量大。盛果期柑橘亩产2000～3500kg，每亩吸收氮（N）17.7～24.0kg、磷（P_2O_5）2.0～4.5kg、钾（K_2O）12.7～15.7kg，氮、磷、钾养分吸收比为1∶0.1～0.2∶0.7。与其他果树相比，宽皮柑橘要求氮多，而磷、钾相对较少。

（二）宽皮柑橘需肥规律

宽皮柑橘需肥量较大，盛果期大树每年应施肥三、四次。一次是采后肥，作为基肥在10～11月施入。采收较晚的中熟品种，可在采果前一周施用以恢复树势，增加树体贮藏营养，提高植株抗寒能力和促进花芽分化。施肥量占全年用肥的40%～50%，以猪羊圈粪、饼肥及人粪等有机肥料为主，也可适当配合速效化肥。一次是催芽肥，在春季天气转暖、宽皮柑橘萌芽前一、二周施入，促使春梢抽发整齐，生长健壮，延迟老叶脱落，提高着果率。这次追肥以速效氮肥为主，配合磷钾肥，掌握弱树多施，强树少施。再一次是壮果肥，在生理落果停止后的7月份施入。幼树可结合放梢肥及灌水一起施用。施肥期不宜过迟，否则容易促发晚秋梢。肥料种类氮磷钾三要素相配合。此后，需要控制肥水，以提高树体的抗寒越冬能力。

施肥量一般按果实产量估算。每生产100kg宽皮柑橘果实，需氮（N）0.5～0.7kg、磷（P_2O_5）0.3～0.4kg、钾（K_2O）0.4～0.5kg。高产田块在谢花后可增加一次追肥，还可应用根外追肥。幼树及推迟结果的壮旺树则要减少施肥量和施肥的次数，特别是氮肥。

（三）宽皮柑橘缺素症状及防治措施

1．缺氮

（1）缺氮症状。宽皮柑橘缺氮素则新梢抽发不正常，枝叶稀少而细小；叶薄发黄，呈淡绿色至黄色，以致全株叶片均匀黄化，提前脱落；花少果小，果皮苍白光滑，常早熟；严重缺氮时出现枯梢，树势衰退，树冠光秃。

（2）防治措施。根据柑橘生长发育的需要，适时适量施用氮肥；多花多果的树比少花少果的应增加氮肥用量，严寒来临之前要施氮肥，砂质重的土壤多施有机肥；避免过多施用钾肥。新叶出现淡绿色至黄色时，或结果期缺氮，可用0.3%～0.5%尿素进行根外追肥。同时注意搞好橘园排灌系统，避免雨季积水。

2. 缺磷

（1）缺磷症状。宽皮柑橘通常在花芽和子实形成期开始出现缺磷症状。幼树生长缓慢，枝条细弱，较老叶片变为淡绿色至暗绿色或青铜色，失去光泽，有的叶片上有不定形枯斑，下部叶片趋向紫色，病叶早落；落叶后抽生的新梢上有小而窄的稀疏叶片，有的病树枝条枯死，开花很少或“花而不实”；成年树长期缺磷则生长极度衰弱、矮小、叶片狭小，密生。果皮厚而粗糙，果未成熟即变软脱落。未落果畸形，味酸。

（2）防治措施。第一，pH<6.5 的酸性土壤，以施用不易流失的迟效磷肥如磷矿粉、骨粉为宜；中性或碱性土壤可施用速效性的过磷酸钙，亦可施用钙镁磷肥。但是磷肥施用过多，会影响铁、锌、铜的吸收，发生缺铁、缺锌、缺铜病。一般可在春季挖穴，集中深施磷肥，每株树施 0.5～1.0kg，或与有机肥混合堆制后深施。酸性土壤还可适当施用石灰，降低土壤酸度。第二，喷施磷肥。在宽皮柑橘展叶后树冠喷施 0.3%～3%过磷酸钙液，比施入土壤中见效更快。第三，注意保水。干旱季节进行地面覆盖，保持土壤水分，使磷易被吸收。

3. 缺钾

（1）缺钾症状。老叶的叶尖和上部叶缘部分首先变黄，逐渐向下部扩展变为黄褐色至褐色焦枯，叶缘向上卷曲，叶片呈畸形，叶尖枯落；树冠顶部长势衰弱，新梢纤细，叶片较小；严重缺钾时在开花期即大量落叶，枝梢枯死；果小皮薄光滑，汁多酸少，易腐烂脱落；根系生长差，全树长势衰退。

（2）防治措施。第一，施用钾肥。夏、秋季宽皮柑橘生长旺盛时期施用草木灰或硫酸钾等钾肥。成年树每株可先挖数穴，施入硫酸钾 0.5～1.0kg；干旱季节应在施入后浇水，或溶水后浇施；并少施氨态氮肥，以免影响钾的吸收。第二，改良土壤。深翻土并施绿肥并施石灰，或增施其他有机肥料，改良土壤，提高肥力。

4．缺镁

（1）缺镁症状。宽皮柑橘缺镁时老叶和果实附近叶片先发病。病叶沿中脉两侧生不规则黄斑，逐渐向叶缘扩展，使侧脉向叶肉呈肋骨状黄白色带，后则黄斑相互联合，叶片大部分黄化，仅中脉及其基部或叶尖处残留三角形或倒“V”形绿色部分；严重缺镁时病叶全部黄化，遇不良环境很易脱落。

（2）防治措施。第一，喷施镁肥。在发病初期或发病轻的橘园，可用0.5%硝酸镁液，或0.2%硝酸镁与0.2%硫酸锌混合液，或0.5%硫酸镁与0.2%尿素混合液喷施于叶面，单独喷施硫酸镁的效果不好。叶面喷施比土壤施用效果快，但持效期短。第二，土壤施用镁肥。在施用有机肥料改良土壤的基础上，pH为6以下的酸性土壤每株树用钙镁磷肥1kg；pH值为6以上的弱酸性至碱性土壤每亩用氯化镁或硫酸镁50～60kg，与猪粪等有机肥沤制成堆肥，在春季施入土中。

在钾、钙有效浓度很高的土壤中，对镁有极明显的拮抗作用，抑制根系吸收镁的能力，须增加施用量。第三，合理施肥。增施有机肥料，避免大量偏施速效性钾肥；钾含量高的土壤停止施用钾肥和复混肥料，只单施氮肥，可促进镁的吸收利用。酸性土壤可适当施加石灰，降低土壤酸度。

5．缺钙

（1）缺钙症状。春梢嫩叶的上部叶缘处首先呈黄色或黄白色；主、侧脉间及叶缘附近黄化，主、侧脉及其附近叶肉仍为绿色；以后黄化部分扩大，叶面大块黄化并产生枯斑，病叶窄而小、不久脱落；生理落果严重，枝梢顶端向下枯死，侧芽发出的枝条也会很快枯死；病果常小而畸形，淡绿色，汁泡皱缩；根系少，生长衰弱，棕色，最后腐烂。

（2）防治措施。第一，施用石灰。酸性土壤施用石灰调节酸度至pH为6.5左右，能增加代换性钙的含量。施用量视土壤酸度而定，一般刚发生缺钙的橘园，每亩施石灰35～50kg，与土混匀后再浇水。第二，喷施钙肥。刚发病的树可在新叶期树冠喷施0.3%氯化钙液数次，对氯敏感的品种可换用磷酸氢钙或硝酸钙液。第三，合理施肥。钙含量低的酸性土壤，多施有机肥料，少施氮和钾的酸性化肥。第四，注意保水。坡地酸性土壤橘园，宜修水平梯地，雨季加强地面覆盖。沙性土壤应客换肥沃黏性土壤。

6．缺硫

（1）缺硫症状。宽皮柑橘缺硫时，新梢全叶发黄，随后枝梢也发黄，叶片变小，病叶提前脱落；而老叶仍保持绿色，形成明显对比。病叶主脉较其他部位稍黄，尤以主脉基部和翼叶部位更黄，并易脱落。抽生的新梢纤细而多呈丛生状。

（2）防治措施。首先，可施用石膏和石硫合剂残渣等；其次，可在叶面喷施硫酸盐溶液，如0.3%硫酸锌或硫酸锰或硫酸钼等。

7．缺锌

（1）缺锌症状。宽皮柑橘缺锌一般新梢成熟的新叶叶肉先黄化，呈黄绿色至黄色，主、侧脉及其附近叶肉仍为正常绿色；老叶的主、侧脉具有不规则绿色带，其余部分呈淡绿色、淡黄色或橙黄色。有的叶片仅在绿色主、侧脉间呈现黄色和淡黄色小斑块；严重缺锌时病叶显著直立、窄小，新梢缩短，枝叶呈丛生状，随后小枝枯死，但在主枝或树干上长出的新梢叶片接近正常。

（2）防治措施。第一，喷施硫酸锌或环烷酸锌。早春发芽前每隔7～10天叶面喷施0.3%硫酸锌加0.2%～0.3%尿素混合液，或0.3%硫酸锌加0.5%熟石灰混合液2次。亦可5～7月份喷施0.015%环烷酸液2次。第二，土壤施用硫酸锌。酸性土壤可在4～6月每株树用硫酸锌0.1kg，拌和牲畜粪等有机肥施入根际土壤中；或结合春秋季施基肥，每株大树施入硫酸锌 0.5～1.0kg；用于中性或碱性土壤则无效。若因缺镁、缺铜诱致的缺锌，单施锌盐的效果不大，必须同时施用含镁、铜、锌的盐类，才能获得良好效果。第三，合理施肥：根据宽皮柑橘长的营养要求，合理施肥，避免过多施用氮肥和磷肥，增施有机肥。第四，及时排灌。地下水位高的低洼橘园，应深开围沟排水，秋旱天气及时灌水。

8．缺铜

（1）缺铜症状。宽皮柑橘缺铜时幼嫩枝叶先表现出明显症状。幼枝长而软弱，上部扭曲下垂或呈“S”状，以后顶端枯死；嫩叶变大而呈深绿色，叶面凹凸不平，叶脉弯曲呈弓形；以后老叶亦表现大而深绿色，略呈畸形；严重缺铜时，从病枝一处能长出许多柔嫩细枝，形成丛枝，长至数厘米则从顶端向下枯死；果实常较枝条迟表现出症状，轻度缺铜时果面只生许多大小不一的褐色斑点，后则斑点变为黑色；严重缺铜时病树不结果，或结的果小、显著畸形、淡黄色。果皮光滑增厚，幼果常纵裂或横裂而脱落，其果皮和中轴以及嫩枝有流胶现象；缺铜特别严重时，病株呈枯死状态，大枝上萌发特大而软弱的嫩枝，这些嫩枝很快又表现上述症状。根群大量死亡，有的出现流胶。

（2）防治措施。第一，喷施硫酸铜。严重缺铜时，应在春芽萌动前在树冠喷施0.1%硫酸铜液，防治效果快且显著，可以迅速恢复树势。第二，喷用波尔多液。轻度缺铜时，可结合防治其他病害，喷用波尔多液防治。第三，合理施肥。增施有机肥，改良土质，避免过量施用氮、磷肥和石灰。

9．缺锰

（1）缺锰症状。幼叶上表现明显症状，病叶变为黄绿色，主、侧脉及附近叶肉绿色至深绿色；轻度缺锰的叶片在成长后可恢复正常，严重或继续缺锰时侧脉间黄化部分逐渐扩大，最后仅主脉及部分侧脉保持绿色，病叶变薄。

（2）防治措施。第一，喷施硫酸锰：碱性土壤橘园，在五、六月柑橘生长旺盛季节嫩梢长 10cm 左右或嫩叶未转绿前，喷施0.2%～0.4%硫酸锰与1%～2%生石灰混合液1次，7～10天后再喷1次，防治效果很好。第二，土壤施用硫酸锰或硫黄粉。酸性土壤橘园春季每株树与其他肥料混施硫酸锰 0.15kg；碱性土壤橘园则每亩施硫黄粉 75～100kg，以降低土壤酸碱度和提高有效态锰含量。第三，加强肥水管理。多施堆制厩肥或沤制绿肥。排水不良的橘园在雨季开沟排水，降低地下水位。

10．缺钼

（1）缺钼症状。宽皮柑橘缺钼病又称为黄斑病，多发生于强酸性土壤的柑橘园。春季在老枝下部或中部叶片的叶脉间出现水渍状斑点，逐渐扩大形成圆形和长圆形块状黄斑，叶背面斑点呈棕褐色，病叶向叶面弯曲形成杯状；严重缺钼时病叶变薄，斑点变黄褐色坏死，常破裂呈穿孔，叶缘焦枯；6～9 月果实膨大期发病，从叶尖开始变黄，新叶向正面卷成筒状，严重缺钼则犹如缺氮，叶片大量黄化脱落和裂果。

（2）防治措施。第一，施用钼肥。柑橘发生缺钼时，可喷施 0.01%～0.05%钼酸铵或钼酸钠液，但应避免在发芽后不久的新叶期喷施，以免发生药害。也可每亩用 20～30g 钼酸铵与过磷酸钙混施于根部。第二，增施石灰。强酸性土壤可增施石灰，降低土壤酸度，提高钼的有效性。

11．缺硼

（1）缺硼症状。嫩叶上初生水渍状细小黄斑。叶片扭曲，随着叶片长大，黄斑扩大成黄白色半透明或透明状，叶脉亦变黄，主、侧脉肿大木栓化，最后开裂；病叶提早脱落，以后抽出的新芽丛生，严重时全树黄叶脱落和枯梢；老叶上主、侧脉亦肿大，木栓化和开裂，有暗褐色斑，斑点多时全叶呈暗褐色、无光泽，叶肉较厚，病叶向背面卷曲呈畸形；病树幼果果皮生乳白色微突起小斑，严重时出现下陷的黑斑，并引起大量落果；残留树上的果实小而畸形，皮厚而硬，果面有褐色木栓化瘤状突起；果实内果皮和中心有褐色胶状物，汁少渣多，不堪食用，种子发育不良，小而弯曲。果实症状以春旱时最为明显。

（2）防治措施。第一，改良土壤。增施绿肥、厩肥等有机肥料，提高土壤肥力。砂质土壤客换肥沃的黏性土壤；冲积地逐年客土，加厚土层；瘠薄地深翻；提高土壤保水保肥能力。第二，加强肥、水管理。避免过多施用氮肥、钾肥和钙肥，酸性土壤也不宜过多施用石灰。雨季注意开沟排水，旱季及时灌水。第三，施用硼肥。春季发芽前和花落 2/3 时，各喷施 0.2%硼砂加等量石灰混合液 1 次，严重的还应酌情在幼果期及果实成长中期增施一、二次。硼砂难溶于水，先用少量 60～70℃热水溶化后再加冷水稀释。高温干旱天气宜在阴天或早晚温度较低时喷用。轻度缺硼橘园，可每亩用 0.3～0.5kg 硼砂加水制成 0.2%～0.3%溶液浇施根部。

12．缺铁

（1）缺铁症状。宽皮柑橘缺铁一般表现为新梢嫩叶发病变薄黄化，叶肉淡绿色至黄白色，叶脉呈明显绿色网纹状，以小枝顶端嫩叶更为明显，但病树老叶仍保持绿色；严重缺铁时除主脉近叶柄处为绿色外，全叶变为黄色至黄白色，失去光泽，叶缘变褐色和破裂，并可使全株叶片均变为橙黄色至白色；病树枝梢纤弱，幼枝上叶片容易脱落，常仅存基部几片叶，全树出现许多无叶光秃枝，并相继出现大量枯枝。小枝叶片脱落后，下部较大枝上长出正常枝叶，但顶端叶片陆续枯死；文旦柚、雪柑和福橘的幼苗缺铁时，老叶绿色，新梢叶片黄化，愈近顶端的叶片愈变成黄白色，顶端叶片甚至呈白色。

（2）防治措施。首先改良土壤。在碱性土壤橘园中增施有机肥和硫酸亚铁，改良土壤，并经常松土灌水，加强碳酸钙等的淋溶，是防治缺铁病的根本措施。一般于早春或初秋，在树冠外围开沟或挖穴压埋绿肥或深施畜粪、垃圾等有机肥料，每株树再施入硫酸亚铁 1.0～1.5kg，既能降低土壤 pH 值，又增加有效铁的含量，有利于根系生长和提高土壤中铁的利用率。其次是在改良土壤的基础上施用硫酸亚铁，春夏季叶片转绿期叶面喷施 0.2%硫酸亚铁和 0.1%柠檬酸混合液。也可将直径 0.2～0.3cm 粗的细橘根折断后，插入盛有 6%硫酸亚铁和 4%柠檬酸混合液的小瓶内（可用青、链霉素空瓶）埋入土中，每株树 4 瓶，见效快。第三，要做好排灌工作。雨季开沟排水，春季干旱适当灌水，灌后再松土，可减轻发病。第四，靠接耐碱砧木。缺铁严重的碱性土壤橘园，可在病株附近移栽较耐碱的枸头橙、本地早、朱架等的实生苗。春季靠接在病株主干上，可以防止缺铁症。

（四）宽皮柑橘施肥技术

施肥上以增施有机肥为基础，配合磷钾肥，控制氮肥，重视有机肥、钾肥和微肥的施用。宽皮柑橘施肥主要分为基肥和追肥。

1．基肥

基肥也称之为采果肥。宽皮柑橘挂果期很长，一般为 6～8 个月，在结果期内，消耗养分很多，树势开始衰弱。为了恢复树势，促进花芽分化，充实结果母枝，提高抗寒能力，为来年结果打下基础。采果后必须及时施肥，施肥时期为 10 月下旬至 12 月中旬，此时气温下降，根系活动差，吸收力弱，应以有机肥为主，每株施优质有机肥 50～100kg、尿素 0.3～0.5kg、过磷酸钙 0.5～1kg。

宽皮柑橘除果实挂树贮藏或晚熟品种可以在采果前施肥外，一般采前不宜施肥，尤其是氮肥；否则会严重影响果实贮藏品质。

2. 追肥

追肥是调节营养生长与生殖生长平衡的重要手段。根据宽皮柑橘的营养特点，柑橘主要施好壮果肥和采后肥。壮果肥、促梢肥于 7 月上旬施用，占全年施肥量的 60%～70%，以促发秋梢、增大果实为主；采后肥于 12 月至次年 1 月采果后施用，占全年施肥量的 30%～40%；迟熟品种、结果多的中熟品种、留树保鲜的品种和较弱的结果树宜在采果前一星期施；早熟种和结果不多的中熟品种宜在采果后施，施肥以氮肥为主，有机肥配合施用，以恢复树势，保叶过冬。2 月下旬至 3 月上旬或者在 5 月可根据树势长势状况进行叶面追肥，一般喷施 0.3%～0.5%尿素加 0.3%～0.5%磷酸二氢钾溶液，紫色土类区增施 0.3%～0.5%硫酸镁加 0.1%～0.3%硫酸锌加 0.1%～0.2%硼砂（30 壶水/每亩）溶液，促发健壮春梢和提高花的质量。施肥方法主要采用环状沟施肥和条沟状施肥法，若基肥施用有机肥可酌情减少化肥用量，提倡施用有机肥和配方肥。不同产量施肥水平，氮、磷、钾施用量分别为：

（1）目标产量在 3500kg/亩以上，每亩施肥量尿素 60 kg、过磷酸钙 150～200kg、硫酸钾 60kg、油枯 250kg。

（2）目标产量在 2500～3500kg/亩，每亩施肥量尿素 30～50kg、过磷酸钙 80～100kg、硫酸钾 30～50kg、油枯 150kg。

（3）目标产量在 1500～2500kg/亩，每亩施肥量尿素 20～25kg、过磷酸钙 40～60kg、硫酸钾 10～25kg、油枯 100kg。

第二节 茶叶施肥实用技术

茶树属山茶科山茶属，为多年生常绿木本植物，一般为灌木。栽培茶树往往通过修剪来抑制纵向生长，所以树高多为 0.8～1.2m。茶树经济学树龄一般在 50～60 年。春季、夏季、秋季时可采茶树的嫩叶制茶。四川种有绿茶、青茶、红茶、黑茶、黄茶、白茶，茶园面积已有 345 万多亩，当年采摘面积约占 70%，平均亩产量 70 多公斤。

一、茶树营养特性

茶树从土壤中吸取各种无机元素和水分，从空气吸收二氧化碳，通过光合作用和各种同化作用，合成一系列有机物质。茶树树势、鲜叶产量、成茶品质，都与营养密切相关。不论是大量元素还是微量元素，在茶树生长发育中都是不可缺少的，并且相互之间又有密切的联系。茶树除了需要较多的氮、磷、钾及钙、镁、铝、铁等元素外，对其他矿物质元素虽然所需数量虽小，但都不可缺少，否则会影响茶树的生长发育。

茶树的营养特性和其他作物有所不同，土壤中适当高含量的铝可增强茶叶光合作用并促进根系的生长，有助于茶氨酸和儿茶素的代谢，增加对土壤中磷的吸收；茶树对钙的需求比一般作物要低，当土壤中活性 CaO 超过 0.2%时，叶片中形成草酸钙结晶，生长不良；幼年茶树对氯敏感，不宜施用含氯肥料；在两种常见的氮素形态中茶树优先吸收铵态氮，对硝态氮利用能力较低，所以推荐含硫铵态氮肥。由于养分随采茶不断携出，需要多次供给养分才能满足茶树的营养需要。综合各类研究，一般采收鲜叶 100kg，需吸收氮（N）1.2～1.4kg、磷（P_2O_5）0.3～1.3kg、钾（K_2O）0.4～0.8kg。氮磷钾的比例为 1∶0.2∶0.5。从茶树对整个生育周期和年生育周期看，茶树的营养具有高氮、低磷、中钾的营养特点。

二、茶树需肥规律

茶树的收获器官为嫩叶片，每年采摘 3～5 次。就茶树栽培而言，高产优质茶与土壤营养的关系最为密切。肥料是茶树生长的主要养分来源，是茶叶增产和提高品质的物质基础。施肥的重要性一直为人们所认识和重视。施肥对茶树的生长以及茶叶的产量与质量起着重要作用，良好的施肥技术，能最大限度地发挥施肥的增产作用，保持和提高茶叶的优良品质，维持茶叶的旺盛生长态势，同时有利于恢复和提高土壤肥力。但如施肥不当，不但不能增加茶叶产量，还会造成茶叶品质严重下降，甚至会给茶树生长造成不利的影响。因此，茶园施肥要求因地制宜，采用适当的肥料种类及施肥方法，才能充分发挥肥效，达到施肥的作用与效果。

在土壤供给的众多元素中，茶树需求最大的是氮、钾、磷。此外，碳、氢、氧、钙、镁、锰、锌、铁、钼、铜、硼等元素也都是茶树生长不可缺少的。过多或过少的养分供给都会给茶树生长发育以及茶叶品质和产量造成不利影响。生产上，补充和调节茶树营养的方法主要是通过施肥来实现的。但是，由于种种原因，茶园施肥中还存在着不少问题。一是偏施氮肥，造成了茶园土壤中氮、磷、钾及其他营养元素之间的比例失调，出现了氮肥增产效果下降、土壤理化性质变劣、茶叶品质下降的趋势。二是茶园施肥方法简单，缺乏经济性和合理性，什么时候有肥就什么时候施，有什么肥料就施什么肥；有的茶园肥多就多施，肥少就少施，无肥就不施，等等。随着茶叶生产集约化的发展和向市场经济的过渡，茶园施肥已由过去单纯追求增产转为以产量和品质并重。因此，根据茶树生理特性和生长规律，正确、科学地进行施肥，已显得十分重要和迫切。

茶树是多年生叶用常绿作物，对矿物质营养的需求和吸肥规律与一般作物相似，既有共性，也有其特殊性。茶树的矿物质营养和吸肥特性是茶树施肥的依据。因此，茶树对矿物质营养的需求方面表现为多元性、喜铵性、聚铝性、低氯性和嫌钙性；在吸收和利用规律方面又表现出明显的阶段性、集中性和季节性。

（一）多元性

据现代先进光谱仪器测定和分析，发现茶树体内有 40 多种元素，其中对茶树生长发育必不可少的元素有：碳（C）、氢（H）、氧（O）、氮（N）、磷（P）、钾（K）、硫（S）、镁（Mg）、钙（Ca）、铝（Al）、锰（Mn）、铁（Fe）、锌（Zn）、钼（Mo）、铜（Cu）和硼（B）等。其中，碳、氢、氧主要来自空气和水，其他元素都主要来自土壤和肥料。各种营养元素在茶树体内的含量各不相同，高的如碳、氢、氧等，含量达百分之几，低的如硼、铜、钼等，含量只有百万分之几。不管它们含量高低，在茶树内都各有自己的特殊功能，彼此之间不能相互代替；它们之间又互相依存，如果缺少其中一种元素，茶树的许多生理过程将无法进行，茶树生长发育将出现异常表征和生理病变。例如，锌在茶树叶片中的含量只有十万分之几，但它是许多酶的重要组成成分，如果茶树缺锌，体内的谷氨酸脱氢酶等的酶促反应则无法进行，光合作用、氮代谢等也无法完成，碳、氮等营养元素的生理功能无法发挥，茶树将逐渐死亡。所以，茶园施肥要根据茶树对营养元素需求的多元性特点，施足各种必需矿物质养分，保证茶树生长和高产优质。

（二）喜铵性

氮素营养是茶树中具有重要地位的矿质养分，每生产100kg干茶叶需氮4.5kg。不仅是由于氮素在一般植物中的重要性，还在于茶树所采摘的茶叶的品质特征取决于氨基酸（尤其是茶氨酸）、多酚类物质（茶多酚等）和嘌呤类的生物碱（主要是咖啡碱）等的含量和比例，氮素营养则直接或间接影响这些物质在茶树体内的代谢。同时，茶树作为叶用植物，采摘部位是鲜叶，其对氮素营养的需求较其他植物显得更加紧迫。尽管硝态氮和铵态氮都是茶树吸收氮素的主要来源，但是茶树有明显的喜铵特性，茶树对铵态氮的吸收利用要快于对硝态氮的吸收利用。当植物所处土壤中同时存在两种形态的无机氮时，茶树会优先吸收铵态氮。试验结果发现：在茶树嫩梢的蛋白质中来自铵态氮的数量比硝态氮高3～4倍，在老叶或成熟叶子的蛋白质中，来自铵态氮的数量比硝态氮高6～7倍。同时，铵态氮对于合成茶氨酸的“贡献率”比硝态氮也要高好几倍。当土壤中缺乏铵态氮而只有硝态氮时，茶树又能被迫吸收硝态氮。因此，硝态氮的生理效应和增产效果不如铵态氮。因此，在制定茶树施肥技术措施时，必须十分重视对铵态氮肥料的施用。

（三）聚铝性

铝是地壳中含量最丰富的金属元素之一，但大多数植物的含铝量在 0.5mg/kg 至几十毫克每 kg 之间。茶树体内的平均含铝量在 1500mg/kg 以上，有些老叶中的含铝量可达 2000mg/kg，不施铝的茶树也含有很高的铝，故茶树被称之为富铝植物或聚铝植物。适当高含量的铝能促进茶树根系生长，提高叶片光合作用的能力，促使碳水化合物的转化。同时，铝可以促进茶树对一些元素的吸收。试验发现：用含铝量 8～32mg/kg 的水培液培养的茶苗，对 N、P、K 三要素的吸收分别比对照物增加 4～5 倍、3～4 倍和 2～3.7 倍。分析水培液培养的茶树体内无机成分，人们发现，某些元素，如 N、K、Mn、B 等，在一定的铝浓度范围内随着铝浓度的升高，这些元素的吸收积累增加。而 P、Ca、Cu 等只在较低的铝浓度（2mg/kg）下，有利于被吸收。另据报道，施铝可以促使 Fe 向地上部移动，提高茶树对 Fe^{3+}和 Fe^{2+}-EDTA 的吸收利用。铝还可以影响茶树的耐 Mn 性，水培条件下，铝可以抑制过量 Mn 的危害。铝还可以促进茶树的生理代谢。研究表明在 Al/P 比值适当的条件下，茶树中的叶绿素含量比无铝的要高 20%～30%，茶树对 Ca 的同化能力也提高 8%～34%，其同化产物在根系的分配量提高约 1.5 倍，根系活力也相应增强。另外，铝还被认为有提高过氧化物酶活性的趋势。过氧化物酶是光呼吸过程中的酶类，耐铝性差的作物在强酸性土壤受铝害时，该酶同工酶谱带减少；而茶树在施铝后，其同工酶谱带非但没有减少，反而染色加深，说明其活力有增强的趋势。因此，茶树在富铝化土壤中的生长，比在其他土壤中更好。

（四）低氯性

氯是茶树的营养元素之一，但需量很微，在生产实践中并未发现茶树有“缺氯”的症状或因缺氯而造成减产的现象；相反，由于生产过程中施用过量的含氯化肥会造成“氯害”。茶树受过量氯离子危害时，先是叶片的叶尖出现枯焦，以后叶缘发生褐变并向叶脉方向延伸，最后使整张老叶变成茶褐色的焦叶，严重时新叶也发生褐变，新梢萎凋、变黑并发出“茶酵味”。受氯害的茶树叶黄先从海绵组织开始病变，以后逐步向栅状组织扩张，受害的叶片褐变后，有的表面蜡质层有盐渍状黏性物质外溢，几天后叶落。茶树氯害与树龄有关，幼年茶树对过量的氯离子极为敏感，最易发生氯害。以后随着树龄的增大，对氯离子的敏感性逐渐下降。对于多年生老茶树，对氯离子的反应十分迟钝，因此，不易造成氯害。受氯害的茶树通过落叶把体内的氯素排出后，茶树还能重新抽芽生叶，但新发的芽叶有的常常出现畸形和生理病变，生长势差。研究和掌握茶树氯害的原因、现象、条件及诊断方法，对于防止施肥而引起的茶树氯害有着重要意义。

（五）嫌钙性

钙是茶树生长发育必需的营养元素之一。虽然茶树对钙的需求量并不高，但钙在茶树体内起着非常重要的生理作用。因此，茶树生长过程中对钙的需求量较少，过量的钙反而会有害生长。据研究，当土壤中活性钙含量超过0.5%（CaO计）时，茶树生长就会不正常，严重时还会引起死亡。因此，茶树不仅不能生长在富钙的石灰性土壤中，就是酸性土壤施加了过量的石灰，或者原为屋基、坟地、窑址等受残留石灰污染的土壤中，茶树生长也会不正常。当土壤中交换性钙的含量超过2000mg/kg，土壤钙饱和度大于38%时，茶树就会生长不良，出现中毒症状。茶树钙中毒表现为根系生长受阻，主根浅，有时呈螺旋状生长，根的表皮发黑，出现很多的小疙瘩，细根稀少，缺乏白色透明的新吸收根。地上部生长不良，发芽能力差，芽稀少，叶片小，产量下降。危害严重时，根系发黑腐烂，大量落叶，一年只发一、二轮新梢，多对夹叶，生长停滞，甚至失去生产能力。但茶树“嫌钙”并不是不需要钙。如果土壤酸度很高，活性钙含量很少，茶树同样也会出现钙的缺素症。茶树缺钙时会造成植株根系变小，根尖端停止生长，组织成半透明状；虽然产生侧根，但很快会死去；根毛畸变成鳞茎状，幼叶发生黄化，叶片顶端及叶缘生长受阻；叶片由于中部继续生长而扭曲，出现茎生长点死亡、顶芽的生长优势丧失等严重的生理病变。在氮肥用量过多，茶园土壤酸化严重的情况下，则要警惕缺钙的发生。

（六）阶段性

茶树不同生育期由于其生理功能对环境条件的反应有明显的差异，因而对营养元素的需求也不一样。茶树在个体发育的不同阶段，对各种营养元素的吸收是有所侧重的。

幼年期的茶树生长旺盛，营养生长占主导地位，从土壤中所吸收的营养物质主要消耗于根、茎、叶及芽的生长上。在这一时期，为了培养茶树形成健壮的骨架枝，在施肥时需要适当提高磷、钾肥的用量比例。对氯、钙、钼等营养元素要严格控制，过量则容易引起危害。

青年时期是茶树发育的旺盛时期，地上部和地下部生长都十分活跃。为了快速成园和提早投产，必须在修剪、采摘及其他综合管理措施下，增施氮、磷、钾肥，有效地供给足够的营养物质，强壮骨干枝，增加有效侧枝分生密度，继续扩大树冠覆盖度，促进根系向深度和广度发展。茶树这一时间的显著特点是吸收利用养分能力强，所以要加大肥、水管理。

成年期是茶树生长发育相对稳定的时期，这一阶段茶树从土壤中所吸收的营养元素主要用于新梢生长。所以，新梢生长所需要的营养元素的数量和比例，是茶园施肥的主要依据，即平常所说的按茶叶产量计算施肥量。茶树自进入成年期后，不但营养生长旺盛，生殖生长也相对旺盛，所以，这时茶树对营养的消耗要比幼年期、青年期大得多。这一时期对于以采叶为主的茶园来说，施肥的目的是使茶树的生长发育向营养生长的方向发展；在施肥的数量和肥料的种类上，以稳定茶叶优质高产为目的，加强综合管理，延长这一时期的年限，而对于以留种为主的茶园，这一时期多施磷肥的目的是促使茶树开花结果。茶树到了衰老期，生理机能减退，营养生长减弱，生殖生长增强，对氮的吸收比例减少，对磷、钾的吸收比例相对增加。这时，加强营养管理、调整土壤营养结构，对增产的效果并不大，需要及时采用重修剪、台刈等措施来复壮树势，才能提高茶树对营养元素的利用效果。

（七）集中性

茶树具有在某一生长时期需要大量营养物质的现象。在茶树年生育周期中，由于季节的变化和本身的生理活动而形成生长旺盛期和生长相对休止期；茶树的地上部芽叶和地下部根系生长都表现出明显的节奏性和交替生长的特点。成龄茶园因采摘关系使芽梢的生长形成较明显的轮次性，对养分的吸收和消耗也表现出同样的消长规律。因此，为了适应茶树正常需要和补充因采摘而带走的损失，必须采取各种追肥措施，集中提供较大量的营养物质。茶树生长大部分是有季节性的，所以可以采用施肥的相对集中性来进行调节，促进茶树向着有利于人们需要的方向发展，并保证施用的化学肥料取得良好的增产效果。

（八）季节性

茶树在年生长过程中，对营养物质的吸收，表现有强烈的季节性。在我国长江中、下游产茶区，一般每年在 10 月份以后，地上部逐步停止生长，直至翌年 3 月份止。但在这一时期内，叶子的光合作用和呼吸作用并没有停止，茶树依然进行着物质的积累和消耗，而且，积累远要超过消耗，并把积累的物质慢慢地输送到根部贮存起来。到第二年早春，这些贮存物质又不断地输送到枝梢，供新梢芽叶生长所需，成为春茶生长的重要物质基础。据研究，中亚热带的广大茶区，每年 4～9 月为茶树地上部生长最旺盛期，10 月至次年 3 月为茶树地上部生长停休期，前 6 个月茶树所吸收的养分占全年总吸收量的 65%～70%，而后 6 个月所吸收的养分占总吸收量的 30%～35%。当然，纬度和海拔不同，茶树物候期也就不同，它们的吸收比亦随之有所变化。如江北茶区的高山产茶区，因气温低，茶树地上部生长期短，前、后 6 个月的吸收比差距更大；而华南茶区，因气温高，茶树生长期长，越冬期短，前后 6 个月的吸收比趋向平衡。在茶树地上部生长期间，由于芽叶生长和根系生长都表现有明显的节奏性和明显的轮次性，地上部生长和根系生长之间具有一定交替生长的特点，因此，对养分的吸收和消耗也表现有同样的规律。春茶由于茶树经过一个秋冬的“养休”之后，生长迅速，产量高，消耗量大，吸收能力强，需肥多。据测定，在4月中旬至5月上旬短短20多天的春茶期间，它对矿物质营养元素的吸收量占总吸收量的40%～45%。夏、秋茶期间，茶树生长缓慢，产量比重下降，加上“伏旱”等因素的影响，吸收能力降低，需肥量相对减少。在5月至10月中旬的150多天中，它对矿物质营养元素的吸收量只占总吸收量的55%～60%。但由于地区不同，茶树生长情况不同，它对矿物质营养元素的吸收比也有很大的变化。在我国纬度较高的江北茶区，尤其是山东产茶区，因春天气温低，并常有春旱，严重影响茶树生长和吸肥能力，所以茶树对矿物质营养元素的吸收量较少。而7～8月份，气温高，雨水多，茶树生长快，生长迅猛，产量高，成为全年需肥高峰。在我国热带茶区，尤其是海南产茶区，气温高，雨水充沛，茶树生长期长，几乎全年可采茶叶，一年中茶树对养分吸收量也较为均匀。研究和了解茶树吸肥的阶段特征和季节规律，对于制订合理的施肥措施有着重要意义。

三、茶树缺素症状及防治措施

（一）缺氮

1. 缺氮症状

茶树缺氮使蛋白质和叶绿素合成受阻。随着叶绿素含量的降低，首先表现为叶色变黄，芽叶瘦小，老叶黄绿带橙色或红紫色，进而树势衰败，分枝细弱，并大量出现对夹叶，节间变短，有顶枯现象。幼嫩芽叶中含氮量全年平均为4.5%左右，老叶平均为3.5%左右，一般认为成叶含氮量3%以下时可作为缺氮的标志。有机质含量低的沙质土壤最容易缺氮。

2．防治措施

每亩施尿素 15kg 左右或稀释人粪尿 400～500kg，或用尿素 0.5%～1.0%溶液喷施。

（二）缺磷

1．缺磷症状

茶园缺磷初期，茶树生长缓慢，茶叶产量、品质均下降，接着根系生长不良，吸收根提早木质化，逐步变成红褐色，吸收能力明显减退，尔后地上部的嫩叶逐渐出现暗红色，以叶柄最为严重。如果缺磷进一步发展，老叶失去光泽，并由绿色逐步变为暗绿或暗红色，每到严冬症状加剧。严重缺磷的茶树嫩叶由暗红转为黄白色，茎叶生长缓慢，分枝少，植株矮化，花果少或没有花果，生育处于停滞状态。由于茶树缺磷时表现的一些症状有时与其他缺素症表现的症状相似，所以在目测茶树缺磷症时，必须把缺素的形态学特征和土壤农化测定结合起来，加以综合分析。春茶新梢顶端的第三叶含磷量低于 0.9%，或夏、秋茶第三叶含磷量低于 0.5%时，表明有可能缺磷。对根系来说，因缺磷细胞分裂减弱，特别容易引起吸收根（根毛）的减少，所以，症状发生后即使施用磷肥也很难恢复。多雨地区易缺磷。

2．防治措施

茶树缺磷时，必须及时施入磷肥。每亩施过磷酸钙 40kg 左右，或磷酸一铵 10kg。

（三）缺钾

1．缺钾症状

缺钾症状最先表现在植株新成熟的叶片上，而未成熟的幼龄叶片症状不明显。缺钾严重时，首先，嫩叶褪绿，逐步变成淡黄色，叶薄而小，对夹叶增多，节间缩短，叶脉及叶柄逐步变粉红色；接着，老叶叶尖变黄，并逐步向基部扩大；然后，叶片边缘向上或向下卷曲，叶质变脆，提早脱落。因此缺钾使叶片的光合作用有效性降低，新叶形成率下降，叶面积减少，以致产量下降。同时，缺钾会使茎的发育变慢，分枝稀疏瘦弱。在极度缺钾的情况下，植株呈现“枯梢”。缺钾的鉴别性症状是近叶缘的叶脉由淡黄色变为黄褐色或褐色，引起“钾焦”。此外，缺钾茶树也易感染病虫害，冬季耐寒性明显减弱，易受霜冻害而呈黑紫色。

2. 防治措施

土壤有效钾低于 80mg/kg 时，春茶一芽二叶的含钾量低于 2%，可诊断为茶树初期缺钾，必须及时增施硫酸钾 10～15kg，也可喷施硫酸钾 0.5%～1.0%溶液。

（四）缺钙

1. 缺钙症状

茶树缺钙的鉴别性症状为植株根系变小，根尖端停止生长，组织呈半透明状，虽然产生侧根，但很快死去，根毛畸变成鳞茎状；地上部从幼叶开始出现症状，幼叶往往发生黄化，叶片顶端及随后边缘生长受阻，叶片由于中部继续生长而扭曲，病部继而坏死。茎生长点死亡，顶芽生长优势丧失。

2. 防治措施

每亩施过磷酸钙 40～50kg 或喷施过磷酸钙 1%～2%溶液。

（五）缺镁

1. 缺镁症状。茶树缺镁时，症状首先出现在较老的叶片上，然后逐渐发展到幼叶，其特征是在叶片上出现黄色斑纹；

严重时，发展成黄化叶。叶片含镁量在0.1%以下时可视为缺镁。

2．防治措施。叶面喷施0.01%～0.05%硫酸镁溶液。

（六）缺铁

1．缺铁症状。茶树缺铁时，植株呈现缺绿症状，同时光合作用效率极低，影响生长和花蕾的形成。

2．防治措施。叶面喷施0.05%～0.1%硫酸亚铁溶液。

（七）缺锌

1．缺锌症状。茶树缺锌时，新梢生长严重受抑，光合作用、氮代谢都会受到阻碍。锌又能诱导幼龄茶树增生较多的根。用锌液处理过的扦插苗，根系发育良好。

2．防治措施。每亩施硫酸锌1～2kg或喷施0.5%ZnEDTA溶液50～60kg。

（八）缺硼

1．缺硼症状。缺硼时，氮、磷的需要量及吸收量也就显著下降，细胞分裂受阻；片有花白色斑点，叶厚粗糙，无光泽，生长缓慢；花粉发育不良，开花而不结实。严重缺硼的茶树，细胞液外溢，根系腐烂，生长停滞。

2．防治措施。每亩施用硼砂1～2kg或用0.1%硼砂水溶液60kg喷施。

（九）缺铜

1．缺铜症状。缺铜茶树的氧化还原、光合作用、呼吸作用及脂肪代谢受到抑制，生长受阻。生长在缺铜土壤中的茶树会出现顶芽枯萎、失绿变白、叶绿素含量减少等症状。

2．防治措施。每亩施用硫酸铜1～2kg，或喷施0.1%～0.2%的硫酸铜溶液50～60kg。

（十）缺钼

1. 缺钼症状。茶树缺钼会抑制氮代谢的进行，致使芽叶变黄失绿、阻碍伸展。

2. 防治措施。每亩喷施0.02%～0.10%钼酸铵水溶液50～60kg。

四、茶树施肥技术

（一）施肥原则

茶园施肥的最终目的是通过施肥创造营养物质合理循环和平衡，以保证茶树良好的生长发育，达到不断提高茶叶产量、品质和效益的目的。因此，必须遵循经济、合理、科学的施肥原则，因时、因地、因茶树的不同品种和生育期，采用适当的施肥方法，适时、适量的施用才能使茶园施肥发挥更大的效应。在茶园管理工作中，应掌握以下施肥原则:重施有机肥，有机肥与无机肥相结合；重施基肥，基肥与追肥相结合；重施春肥，春肥与夏、秋肥配合施用；氮、磷、钾肥与微量元素肥料配合施用；土壤施肥与根外追肥相结合。

（二）施肥技术

在茶树高产优质栽培管理中，施肥是最有效果的措施之一。但由于各种肥料的性质和作用的不同，施肥时期和方法也不尽相同。要根据茶园的土壤性质、茶树的吸肥特性以及天气条件来综合考虑。

1. 底肥。一般茶园土壤理化性质差，有机质含量少，保水保肥能力低，特别是土壤经过翻耕之后，水热条件进一步改善，土壤有机质分解加快。因此，在茶树栽培中增加有机肥施用以提高土壤有机质含量，改良土性，保证茶树生长有一个良好的土壤生态条件。生产实践证明，茶园种植前施足底肥也是老茶园改种换植和新垦茶园高产优质的成败关键。茶园底肥要以有机肥如厩肥、堆肥、草肥、绿肥等为主，量大时全面施，量小时集中条施。条施时，开深 50cm 的沟，沟底挖松，按层分施，层层覆土，表土回填。施肥后经过几个月的腐解，待土壤下沉后方可整地，在沟上种茶。种茶时，茶苗或茶籽不可直接与底肥接触，应相距 15cm 以上。

2. 基肥。每年在茶树地上部停止生长之后施用的肥料称为基肥。其目的是增加茶园土壤有机质，改善茶园土壤理化性质和提高肥力水平，同时为茶树秋、冬季根系活动和吸收提供足够的养分，也为翌年春茶萌发提供养分。基肥的施用时间，一般选择在地上部生长即将停止时进行。因为茶树地上部和根系具有交替生长的特点，这时根系生长正逐步趋向旺茂，新根多，吸收和同化能力强，正是施基肥的好时期。如果再晚，一旦气温明显下降，根系生长和吸收能力降低，就会影响秋冬期间对物质的积累，从而影响翌年的产量和品质。适时施用基肥并结合冬耕，有利于越冬芽的正常发育，也有利于根系的生长和抗寒越冬。通常在寒露（10 月 8 日或 9 日）前后即可进行茶树秋施基肥，最晚不宜超过立冬（11 月 7 日或 8 日）。高山茶园，由于气温低，茶树生长停止早，施用时期也要相应早些，以 8、9 月份施用为宜。不采秋茶的茶园，基肥不能在停采后马上施用，应待茶树地上部停止生长后施用。基肥要选择腐熟易分解的有机肥，并与复混肥或氮、磷、钾化肥配合施用，以便充分发挥肥效。施基肥时，要注意施肥的深度和位置。对于 1～2 年生茶苗，施肥位置要距根颈 10～20cm 处开 20cm 的深沟；3～4 年生茶树要距根颈 35～40cm 处开沟，深 20～25cm；5 年生以后的茶树，这时树冠已基本定型，可在树冠边缘垂直向下开沟，深 25～30cm；平地茶园可以在树冠两侧开沟，或者在树冠一侧开沟，每年轮换一次；坡地茶园，施肥沟要开在坡的上方；梯地茶园施肥沟要开在里侧。幼龄茶园每年平均每亩施堆肥 750kg 以上，有条件的还要增加 50～100kg 饼肥、25kg 过磷酸钙和 15kg 硫酸钾。壮龄茶园，每年平均每亩施堆肥 1500～2500kg，有条件的增加饼肥 100～150kg、过磷酸钙 25～50kg、硫酸钾或氯化钾 15～25kg。总之，施肥方法，要因树、因地、因肥制宜。

3. 追肥。在茶树地上部处于生长阶段所施的肥料称为追肥。茶园追肥主要是补充茶树生长发育过程中对营养元素的需要，保证茶树健康生长，达到持续高产稳产的目的。因此，追肥必须适时、及时，以免造成茶树生长过程中养分供应脱节。

（1）催芽肥。每年茶树地上部恢复生长后的第一次追肥称为催芽肥。春天当气温回升到 10℃以上，茶树的越冬芽就开始萌动。当地温升到 8℃以上茶树就长出新根，此时追肥，茶树才能充分吸收利用养分，起到“催芽”的作用。早芽品种宜早施，一般在 2 月下旬至 3 月上旬之间进行；中芽品种宜在 3 月中旬前后进行；迟芽品种宜迟些，一般在 3 月下旬至 4 月上旬之间进行。若用尿素作春肥，则应比铵态氮肥如硫酸铵提前 5～7 天施用，因为春季的温度条件下，尿素要在土壤中经 5～7 天水解后才能被茶树吸收。如果是复混肥料，颗粒状复混肥料养分的释放较缓慢，还需更早一些，就要提前到茶芽膨大期施用。

（2）夏秋追肥。夏、秋追肥应该选择在上一茶季结束后或者上一轮新梢基本停止生长后、下一茶季或下一轮新梢开始生长前进行。由于夏、秋茶各轮新梢发芽不如春茶整齐、快速，因此，追肥时期的选择不像春茶那么严格。夏、秋季茶树萌发轮次多，采摘季节长，追肥次数也要随之增加。在长江中、下游广大产茶区，每年7、8月份都有“伏旱”出现，此时气温高，土壤干旱，茶树生长缓慢，不宜施追肥。“伏旱”来临早的要在“伏旱”后施，“伏旱”来临迟的，可在“伏旱”前施。伏旱期不宜追施化肥，要推迟或提前施用。没有严重旱季和有灌溉条件的地区，最好做到每次茶季结束后立即进行追肥。

（3）追肥用量。成年采摘茶园一般氮肥施用量可按每生产100kg干茶叶，要施氮肥10～12kg、磷肥4kg、钾肥4kg，氮、磷、钾施用比例为 3∶1∶1。春、夏、秋三次追肥的比例，以重施春肥，使春肥的后效与夏、秋肥相结合，一般按4∶3∶3 的比例进行。春、夏、秋追肥以氮素为主，适当配合磷、钾肥。对于幼龄茶园的追肥用量，一般按树龄来确定，1年生茶苗幼小，不宜施化肥，在旱季可追施稀薄的农家肥；2～3年生茶树一年追2次肥，第1次于春茶前，第二次于春茶后，按6∶4 施加。4～5年生茶树可按采茶次数分3次施用，最好用复混肥料。

（4）追肥方法。茶园追肥采用集中施用，不宜分散。对于未成行的幼龄茶园和丛栽茶园采用穴施、点施或环施。穴施是一种集中施肥、经济用肥的方法，适用于茶树种植后、茶树分枝还没有封闭株距之前采用。在幼龄茶树的两茶株之间，离茶树 10cm 左右的地方开穴，成龄茶树则开在茶株的两边，离茶树的距离以树冠宽度为标准。开穴的部位要轮换。追肥开沟只要有 10cm 深即可；坡地茶园施追肥，春季沟开上方，夏季沟开下方，轮换进行；施用追肥后要及时盖土。施肥沟位置如同基肥。如用碳铵作追肥时，由于肥料容易挥发，采用“深施严盖，边施边盖”，施肥沟深 4～5cm。尿素、硫酸铵和硝酸铵等，可采用浅施，施肥沟深 3～4cm。成龄茶树采摘夏、秋茶后追肥应尽量选用氮肥，以利于进一步促进营养生长和控制生殖生长的发生。撒施只在已经封闭或接近封闭的茶园进行，因茶行土壤中已布满根系，所以每次施用量也较多，一般在土壤中比较湿润的季节追肥时使用。幼年茶树和台刈改后新发茶树，可选择 2∶1∶1 型复混肥施用。另外，阳坡茶园要早施，阴坡茶园可迟施；沙土茶园要早施，黏土茶园可迟施；复混肥、尿素要适当早施，碳酸氢铵可适当迟施；等等。

（5）根外追肥。采用叶面喷施进行根外追肥，对矫正茶树缺素问题，特别是缺乏微量元素时，可以随时防治，见效快。根外追肥还可以同治虫、喷灌等相结合，能与除虫剂、生长素配合施用，便于管理机械化，方法简单。它具有省工省料，效果高的特点，可广为应用。茶树根外追肥的施用浓度与肥料品种、天气条件诸因素相关。茶树各种根外施肥参考浓度分别为：尿素 0.5%、硫酸铵 1%、硫酸钾 0.5%、过磷酸钙 1%、硫酸镁 0.01%～0.05%、硫酸锰 0.01%，稀释成 300～400 倍液。茶园根外追肥主要经叶片吸收。由于茶叶正面蜡质层较厚，而背面蜡质层薄、气孔多，一般茶叶背面吸收能力较正面高 5 倍，所以在喷肥时，要正、背两面同时喷施，特别要注意背面的喷施。喷肥时间要选择傍晚或清晨，最好是阴天。

五、茶树典型区域施肥技术

围绕川西名优绿茶区、川南优质早茶区、川东北优质富硒茶区开展茶树测土配方施肥，要生产、供应、施用茶树专用肥。

（一）川西名优绿茶区

现以峨眉山茶区为例。

1．常用肥料

有机肥主要有：饼肥、人畜粪、油枯、堆肥和沤肥等；无机肥料主要有：尿素、过磷酸钙、钙镁磷肥、磷矿粉、硫酸钾、草木灰、复合肥和复混肥料等。

2．肥料配合比例及用量

峨眉山市投产茶园施肥的氮、磷、钾配比应为 3∶1∶1 左右，总量约为：氮 12～17kg、五氧化二磷 4～5kg、氧化钾 4～5kg。茶园经济合理的施肥量，要根据茶园土壤肥力水平、茶树年龄、茶叶产量、茶树生长势、耕作管理水平等因子综合地加以分析。一般来说，茶树从小到大，肥料用量也随之增加；生长潜力低的茶园，找出低产原因之后，随增产潜力的提高，肥料用量也要随之增加。

（1）基肥用量

幼龄茶园每年平均要施 1000kg 以上的腐熟人畜粪或鸡粪作基肥或底肥，同时增施过磷酸钙 35～50kg、硫酸钾 8～10kg；采摘茶园每年平均施腐熟人畜粪或鸡粪等 1500kg，还要增施饼肥 200kg，并隔两三年施过磷酸钙 100kg、硫酸钾 30kg。

（2）追肥用量

茶园春茶、夏茶追肥比例分别为 7∶3 或 6∶4。2 月上旬或茶园开采前 15～20 天亩用尿素 15～20kg 兑清粪水 500～750kg 灌施；春茶结束，夏茶大量萌芽前，用氮磷钾比例为 1∶1∶1 的复混肥料 45kg，深施覆土。

（3）施肥方式

对于茶园施肥来说施肥相对集中，无论是基肥还是追肥，条栽茶园要条施，幼龄茶园要按苗穴施。成龄采摘茶园的施肥位置，一般以茶丛蓬面边缘垂直向下为原则。未形成蓬面的幼龄茶树，施肥沟（穴）离根茎的距离为：1～2 年生茶苗为 6～10cm；3～4 年生的茶苗为 10～15cm。平地茶园一边或两边施肥，坡地茶园或梯级茶园，要在茶行的上方开沟施肥，以防肥料流失。施肥深度为：基肥要深施，成龄采摘茶园一般 25～30cm，1～2 年生幼龄茶园一般 15～20cm，3～4 年生茶园一般施 20～25cm；追肥深度一般 8～10cm，并随施随盖土。

（4）根外追肥

茶树叶子除了光合作用外，还能吸收附着在叶子表面的矿物质作为自己的营养成分。因此，在茶树施肥中，除了根部施肥外，还可以进行根外叶面喷施，在采摘前 10 天停止使用。喷肥时，要正、反面同时喷匀，特别要注意背面的喷施；在与农药配合施用时，要注意农药和肥料的化学性质；注意天气的变化，既要防止高温曝晒引起水分蒸发过快而迅速改变其浓度，也要防止下雨被雨水冲跑肥料。喷肥时间最好选择傍晚或清晨，阴天全天可喷。

① 春茶(6月前)。春茶产量约占全年产量的40%～45%，因此在采摘前和采摘进行时需多次叶面喷施水溶肥料，补充养分。春茶采摘前（1月底催芽，2月～4月上旬）亩用含氨基酸水溶肥料250mL、微量元素水溶肥料100g分别兑水60kg交替叶面喷施三次；春茶采摘中（4月下旬～5月中旬）亩用150g磷酸二氢钾兑水45kg(约3桶水)进行叶面喷施两次(3%的磷酸二氢钾)。

② 夏茶（6月至8月中旬）。亩用含氨基酸水溶肥料250mL、微量元素水溶肥料100g分别兑水60kg（约4桶水）交替喷施两次。

③ 秋茶（8月中旬至9月底）。亩用含氨基酸水溶肥料250mL、微量元素水溶肥料100克分别兑水60kg（约4桶水）交替喷施叶面喷施两次。

（二）川南优质早茶

现以泸州纳溪区茶区为例。

纳溪区早茶主要栽种在酸性紫色土地上，品种主要有乌牛早、平阳特早。目前，栽种面积大约15万亩，一般亩产鲜茶800kg。施肥上推广“一基”、“三追”的施肥方法，肥料以有机肥为主，配施磷钾肥。

1. 肥料种类

有机肥主要有油枯、沼渣和商品有机肥等，无机肥料主要有尿素、硫酸钾、钙镁磷肥等。

2. 施肥方法

（1）基肥。以施用有机肥为主，一般在当年9～10月份深耕时施入，深耕深度通常在30cm左右。亩施用油枯100～

150kg、沼渣 1000～1500kg、钙镁磷肥 75～100kg、硫酸钾 20kg。

（2）追肥。可结合茶树生育规律多次追肥，在根际浇施充分腐熟的有机肥或每亩每次施商品有机肥 100kg 左右；在茶叶采收前 30～40 天开沟施入，沟深 10cm 左右，施后覆土。浅耕追肥结合人工除草同时进行，依据茶园杂草发生情况，每年两三次：第一次在春茶前即越冬萌芽前 10～15 天，第二次在春茶后，第三次在夏茶后。浅耕后施催芽肥，以腐熟有机肥为主。

春茶是一年中生产最迅猛的时期，产量高，茶树的吸收力强，所需养分远高于夏秋茶。根据这一吸肥的特点，在生产上须注意不同时期的追肥用量。追肥次数一般分为春肥、夏肥和秋肥 3 次。其中，春肥约占总追肥的 45%，夏肥约占 20%，秋肥约占 35%。在 2 月初进行第一次追肥，亩施尿素 20kg 左右；在 4 月底 5 月初进行第二次追肥，亩施尿素 10kg 左右；在 7 中下旬进行第三次追肥，亩施尿素 15kg 左右。

（三）川东北优质富硒茶

现以南江县茶区为例。

1. 肥料配比

根据近三年来茶叶测土配方施肥试验、茶园丰产示范片推广的分析和总结，结合茶叶生产实践经验，我们确定了氮、磷、钾三要素施用比例，幼龄茶园以 1∶2∶3 为宜，试采茶园以 2∶1∶1 为宜，丰产茶园以 4∶1∶2 为宜。

2．施肥数量

（1）基肥用量

全部有机肥和磷肥、40%的氮肥和钾肥作基肥。一般在9～11 月茶树的地上部生长相对休止时进行施用。幼龄茶园按苗穴施，施肥穴与根颈的距离为：一二年生茶树为 5～10cm，三四年生茶树为 10～15cm 厘米，深度为 15～25cm 厘米；试产茶园（或丰产茶园）在茶丛边缘垂直向下的位置或茶行间开 25～30 厘米深、宽的施肥沟，也可隔行开沟，每年更换位置。施肥后随即覆土掩盖。

幼龄茶园亩施牛猪圈粪 500～1300kg、饼肥 100～300kg、尿素 7～13kg、过磷酸钙 140～250kg、硫酸钾 6～15kg。

试产茶园（或丰产茶园）每年施牛猪圈粪 1200～2500kg、饼肥 300～550kg、尿素 13～22kg、过磷酸钙 40～80kg、硫酸钾 13～22kg。

（2）追肥用量

追肥以含氮素较多的速效氮肥为主，氮、钾肥配合施用。茶树地上部分处于生长时期，不断补充茶树生长发育过程中所需养分，达到促进新梢生长、持续高产的目的。一般于春梢鳞片初展至鱼叶展开（即春茶开采前 15～20 天）及各轮茶采摘完后及时追施。

幼龄茶树一般每年 1 次，氮钾肥追施比例为总施量的60%。1～2 年生茶树亩施尿素 11～13kg、硫酸钾 10～12kg，3～4 年生茶树亩施尿素 13～16kg、硫酸钾 12～18kg，5～6年生茶树亩施尿素 17～19kg、硫酸钾 16～22kg。

试产茶树（或丰产茶树）一般每年3次：第一次在2月中旬，第二次在5月上旬，第三次在6月下旬，氮钾肥追施比例分别占总施肥量的30%、15%和15%，第一次每亩施尿素10～16kg、硫酸钾4.5～7.5kg，第二次、第三次每亩均施尿素5～8kg、硫酸钾2～4kg。

（3）根外追肥。根据茶树生长和缺素情况，一般在新梢长出一芽一叶初展时可叶面喷施 1%～2%硫酸铵、1%～2%过磷酸钙、0.5%～1%尿素、0.5%～1%硫酸钾、0.05%硫酸锌、0.01%硫酸锰，最好选择在早晨或傍晚或阴天喷施叶背，把叶片基本喷湿为宜。根外追肥用的过磷酸钙需先浸泡 1～2天。

第三节　蚕桑施肥实用技术

桑树（Morus alba L）属桑科桑属，为落叶乔木。桑叶呈卵形，主要作为喂蚕的饲料。桑树喜光，对气候、土壤适应性强。耐寒，可耐-40℃低温。耐旱，不耐湿。喜温暖湿润的环境、深厚疏松肥沃的土壤，能耐轻度盐碱（0.2%）。抗风，耐烟尘，抗有毒气体。根系发达，生长快，萌芽力强，耐修剪，寿命长，一般可达数百年，个别可达千年。攀西蚕桑产区、川中、北蚕桑产区、川南蚕桑产区是四川今后几年建设的重点区域。

一、桑树营养特性

桑树因收获桑叶和修枝要带走大量的养分，除碳、氢、氧三种元素可以从空气和降水中得到补充外，其余的矿质元素主要从土壤中摄取，如不向土壤做相应的养分补充，长期下去土壤中矿质元素就会耗竭，桑树生长、桑叶产量和品质就会受到影响。施肥关系到桑园的稳产高产，不施肥或少施肥的桑园，桑树生长不良，根系不发达，枝条细短，叶片小、薄而黄并且产量下降。蚕儿的健康生长发育及茧质、丝质和卵质等与桑叶质量有很大关系，叶质在很大程度上取决于桑树本身的营养状况。

桑树从外界环境中吸收水分、二氧化碳及矿质营养并通过同化作用产生有机营养，用于生长桑叶，也用于其他器官的建造和一切生命活动的消耗。无机养分不但是合成有机营养的原料，而且还对有机营养的积累、运转、分配等起着调节作用。例如，在桑树生活力最旺盛的生长点、根尖、发育中的桑花等部位要求养分多，在养分不足时，易移动的养分如氮、磷、钾、硫和镁等，则由老组织向新生组织运转，并且随着桑树的生长，进一步形成更新的幼嫩组织时，则聚集在原来部位剩下的氮、磷、钾又向更新的新生组织运转；如此反复，养分持续不断地在生长过程中参与新生组织的形成和代谢。这也是桑树营养生理特点之一。尤以磷酸的转运率最高，可达 70%～80%，其次是钾。相对来说，氮则比较低。由于树体的这种营养特性，所以桑树枝条下部的叶片，往往产生养分缺乏症状而老硬黄落。与此相反，铁、钙、锰、硼、硅等移动困难的养分，在供应不足时，该类元素的营养缺乏症首先表现在桑树的幼嫩部分。尽管在树体较老部分内该种养分仍很充足，也不能被转移利用。

桑叶的水分约占 70%～75%，其余的干物质中只有约 5%的矿质元素，其他 95%都是光合产物。所谓光合产物，就是叶绿素吸收利用日光能，把二氧化碳和水还原合成为糖、淀粉以及进一步形成氨基酸、蛋白质等有机营养物质。所以，光合产物既是桑树进行一切生命活动的能量来源，也是生长桑叶及建造其他组织器官的物质基础。光合作用强，树体内积累的有机营养物质就多，树体强健，生长茂盛，产叶量高，叶质好。因此，增加树体营养，实质就是提高桑叶的光合能力。影响光合作用的因素主要有光照强度、二氧化碳浓度、无机养分及有效叶面积等。

在无机养分中，对光合作用影响最大的是氮素。氮作为蛋白质的主要成分，参与细胞原生质的构成并在叶绿体内参与光合机制所包括的多数酶蛋白的合成，所以追施氮肥，叶绿素就急剧增加，从而对作物在对弱光下的光合能力有很大的促进。磷、钾在光合作用中影响较小，它们直接或间接地参与光合中间产物磷酸酯的转变，还参与碳水化合物、蛋白质的合成与转移。磷、钾不足时，将限制氮素效力的发挥。镁是叶绿素的主要成分，还与锰一起活化与光合作用有关的各种酶。铁虽然不是叶绿素的组成成分，但与叶绿素的形成有密切关系。通常，在其他成分供应充足而发生的缺绿症，多数情况下是由于缺铁的缘故。

二、桑树需肥规律

桑树是多年生植物，栽培的主要目的是采摘桑叶。由于每年都要多次采收桑叶和整枝伐条，桑树要从土壤中带走大量养分，如不及时补充，会使土壤缺乏养分，影响桑树正常生长，从而导致树势衰败。

桑树所需要的肥料主要有氮肥、磷肥、钾肥。氮主要是促进枝叶生长和叶片中蛋白质的合成。磷促进根茎的生长，增进树体的强健，增加叶片中碳水化合物的含量，促进桑叶成熟。钾促进桑树根的生长，充实枝条，强健树体，增强植株的生命力和抗逆性。

一般每收获 1 吨桑叶及相应的枝条等，大约要带走 11.6kg 氮、8.1kg 钙、6.2kg 氧化钾、2.7kg 镁和 2.0kg 五氧化二磷以及 0.1kg 以上的微量元素。桑树每生产 100kg 叶片，需补充纯氮约 2kg，一般丝茧育用桑园氮磷钾比例大致为 $N:P_2O_5:K_2O=10:4:5$，种茧育桑园为 5∶3∶4。年产 2000kg 左右桑叶的中等水平桑园，需亩施厩肥 2000～3000kg、氮 40kg、磷 16kg、钾 20kg。

三、桑树缺素症状及防治措施

桑树缺素症状及防治措施见表 5-1 所示。

表 5-1 桑树常见矿质元素缺乏症状及防治措施

营养元素	缺素症状	发生条件	防治要点
氮	叶色黄绿至黄色，老叶黄化枯焦，严重时幼叶发黄、变小，早衰，从下部叶渐及上部叶	土壤肥力低或氮肥用量少都易发生	尿素、硫铵、碳铵等化学氮肥及有机肥
磷	叶片呈异常的暗绿色或紫红色，叶脉间失绿，发展到一定程度时，叶脉周围仅留下点点绿色，有时产生枯斑。新梢叶黄化变小，生长停止，从下部叶渐及中部叶。低温时更易发生	土壤肥力低或磷肥用量少都易发生	过磷酸钙、钙镁磷肥、磷铵等化学磷肥及有机肥等
钾	叶缘呈褐色，叶尖边缘先焦枯，叶脉间产生斑点，呈烧灼状，成为枯斑，从下部叶渐及中部叶	酸性黄壤上易发生	氯化钾、硫酸钾等化学钾肥及草木灰

（续表）

营养元素	缺素症状	发生条件	防治要点
钙	新梢萎缩，上中部叶向内卷曲，随症状加剧，上部叶叶基坏死变黑，渐扩展至叶脉间，最后梢部变黑枯死	多雨地区、含钾过多的土壤易发生	石灰质肥料
镁	叶缘及叶脉间呈黄色，叶脉周围绿色，有时黄化部分呈褐色，从下部叶渐及中部叶	石灰性土壤、含钾过多的土壤易发生	硫酸镁、钙镁磷肥等
硫	新叶黄化，缺绿均一，幼嫩叶片先发生缺绿	红砂岩、花岗岩母质发育的土壤。	硫酸铵叶面喷施
铁	叶脉间失绿，全叶黄白色，极度缺铁时，叶缘呈白色，进而产生枯斑，叶位自上而下，同时常见并发缺锰症	碱性较大的盐碱土壤易发生	EDDHA-Fe 土施，EDTA-Fe 叶面喷施
锰	脉间失绿，叶片黄绿色，出现细小棕色斑点，极度缺乏时产生枯斑，发生于上部叶，新叶叶脉黄色，严重时变成褐色，并发缺铁症	石灰性土壤易发生	硫酸锰叶面喷施
锌	新梢叶皱缩呈匙状，向内卷缩，叶变小，随后黄化，节间缩短，多发生于侧枝，呈丛枝状	石灰性土壤、磷施用量过高易发生	硫酸锌土施或叶面喷施

（续表）

营养元素	缺素症状	发生条件	防治要点
锌	新梢叶皱缩呈匙状，向内卷缩，叶变小，随后黄化，节间缩短，多发生于侧枝，呈丛枝状	石灰性土壤、磷施用量过高易发生	硫酸锌土施或叶面喷施
铜	中部叶呈覆皿状弯曲，整个叶面微微呈现橙黄色斑。一般在新生幼嫩部位易出现缺铜症状	在泥炭土、高雨量地区灰化土上易发生	硫酸铜叶面喷施
钼	初期中部叶都出现微小黄斑和皱纹，后期新梢生长停止，叶脉叶肉呈橙黄色，从叶缘开始干枯死亡	pH 值低的土壤易发生（有效态钼含量低）	钼酸铵叶面喷施
硼	发芽不良，顶端分生组织异常甚至死亡，枝条生长缓慢甚至停止，梢部节间缩短，渐次木质化。梢部叶变小、变硬，叶脉叶柄开裂，诱发粗皮病	酸性淋溶土、质地粗松的沙土、石灰性土壤及干旱年份易发生	硼砂土施或叶面喷施

四、桑树施肥技术

合理施肥是桑叶稳产、高产、优质的重要条件。应根据桑树生长规律、土壤气候条件、肥料特性以及养蚕采叶时期等因素来确定施肥时间、种类、数量以及施肥方法。

（一）施肥原则

桑树施肥应坚持适施春肥，重施夏肥，追施秋肥，施足冬肥；氮、磷、钾肥配合，平衡施肥；根据土壤中微量元素缺乏程度，加入相应的微量元素肥料；增施有机肥，蚕沙还田，有机肥与无机肥配合；春肥、夏肥、秋肥采用速效肥，冬肥采用迟效肥；在酸性土上采用碱性肥，在碱性土上采用酸性肥，在过酸的土壤上施用一定量的石灰，土壤 pH 在 6～7 为宜；施用的比例按春肥 20%，夏肥 40%，秋肥 20%，冬肥 20%；采用沟施或穴施。

（二）施肥数量和施肥时间

（1）桑叶年产量水平在 3500kg/亩以上：年亩施氮肥（N）55～60kg，磷肥（P_2O_5）23～25kg，钾肥（K_2O）18～20kg，腐熟蚕沙（有机肥）2500kg。

（2）桑叶年产量水平为 500～3500kg/亩：年亩施氮肥（N）38～55kg，磷肥（P_2O_5）16～23kg，钾肥（K_2O）11～18kg，腐熟蚕沙（有机肥）2000～2500kg。

（3）桑叶年产量水平为 500～2500kg/亩：年施氮肥（N）24～38kg，磷肥（P_2O_5）10～16kg，钾肥（K_2O）8～11kg，腐熟蚕沙（有机肥）1000～2000kg。

（4）桑叶年产量水平在 500kg/亩以下：年亩施氮肥（N）10～24kg，磷肥（P_2O_5）5～10kg，钾肥（K_2O）0～8kg，腐熟蚕沙（有机肥）500～1000kg。

25%的氮肥、磷肥、钾肥作春肥，50%的氮肥、磷肥、钾肥作夏肥，25%的氮肥、磷肥、钾肥作秋肥，100%蚕沙（有机肥）作冬肥。在缺镁或缺锌的桑园，每亩可配合施用 1～2kg 的硫酸镁或硫酸锌；在缺铁的桑园，可配合施用 0.5kg

的 EDDHA-Fe。

（三）施肥方法

施肥可以沟施或穴施，养分含量低的蚕沙（有机肥）采用沟施，养分含量高的化肥采用穴施，在距离桑树基部 30cm 处开沟或开穴，施肥的沟位或穴位要轮换。施肥后要覆土，防止肥料挥发。施化肥应尽量选大雨后施，避免肥料流失。

第四节 烟草施肥实用技术

烟草是茄科一年生草本植物，最早源于美洲、大洋洲和南太平洋的一些岛屿。目前发现有 66 个品种，被栽培利用的仅有 2 个品种，即普通烟草（N.tabacum.L.，又叫红花烟草）和黄花烟草（Nrustica L.）。烟草是世界上也是我国栽培面积最大的烟叶类型，是卷烟工业的主要原料。四川烟草常年种植面积在 165 万亩以上，其中，80%以上是烤烟。烟草行业相对封闭运行，可以采取“五统一”（统一测土、统一配方、统一生产、统一供应、统一施肥）方式，推广测土配方施肥技术。

一、烟草营养特性

在烟草的生长发育过程中，需要碳（C）、氢（H）、氧（O）、氮（N）、磷（P）、钾（K）、钙（Ca）、镁（Mg）、硫（S）、氯（Cl）等常量元素和铁（Fe）、锰（Mn）、铜（Cu）、锌（Zn）、硼（B）、钼（Mo）等微量元素。其中，烟株吸收的碳、氢、氧主要来自空气及吸收的水分，在施肥上基本不予考虑，其余养分主要通过根系从土壤中吸取。因此，需要通过土壤施肥供给，同时，还可以叶面喷施的形式作为辅助手段进行补充。

烟草对氮、磷、钾养分的需要量相对较大，土壤中的养分一般不易满足其需要，需要通过施肥进行提供；而其余养分则需视土壤中的缺乏程度决定是否施用。四川烟区的部分土壤可能存在镁、氯、锰、锌、硼、钼缺乏的情况，但必须通过土壤分析后决定是否施用及施入什么养分。

二、烟草需肥规律

烟草对养分吸收最大的是钾、氮，其次是钙、镁、磷；其余养分相对较少。大量研究表明：烟草对营养元素的吸收近似于 S 形曲线，即烟草移栽到大田 35 天内，由于烟株较小，对各种营养元素的吸收量很少；35 天后对养分的吸收量逐渐增加，养分大量吸收期在移栽后的 36～76 天内，这 40 天是烟草生长速度最快的时期，这个阶段也是各种营养元素的吸收速率最大的阶段，这一时期烟株对各种营养元素的吸收量占总吸收量的 75%～80%。进一步分析其基本规律是：烤烟对氮素的吸收高峰期在移栽后 45 天左右，而钾素则在 55 天前后，磷素在全生育期中吸收速率比较平衡，只有在旺长期（栽后 65 天左右）才有一个小的吸收峰值出现。大量吸收期过后，烟株对各种养分吸收量急剧减少。由此可见，烟草栽培过程中，肥料的施入应在烟草进入旺盛生长期前充分供给，因施肥过迟会影响烟草在旺长期的正常生长，将会对烟叶的产量、品质带来严重影响。另外，烟草进入成熟期应迅速脱去氮素供应，否则容易使烟叶长成“黑暴烟”，降低烟叶品质，失去利用价值。

三、烟草缺素症状及防治措施

烟田出现缺素症并非土壤中不存在该元素，而是该元素往往是以不可吸收状态存在于土壤中。有的是因土壤溶液中含盐量太高，各种离子间产生拮抗作用，造成一些营养元素不能被烟草吸收利用而引发缺素症。

（一）缺氮

1．缺氮症状。早期症状为叶色浅淡，生长缓慢或停止生长，下部老叶变为黑褐色或枯黄色，逐步干枯脱落。其他叶片有的呈直立状，与茎之间的夹角较小。

2．防治措施。可在培土时每亩施10kg左右的烟草专用肥，但不能多施，以免影响烟叶品质。

（二）缺磷

1．缺磷症状。常出现在幼苗移栽后第一个月，表现为生长缓慢，植株矮小，叶色暗绿，微带紫色，叶形窄长而上翘，下部叶片出现小白斑点；烘烤后叶片呈深棕色或青色，缺乏光泽，质量较低劣。

2．防治措施。若出现此症状应及时施速效磷肥；中后期缺磷，应及时用磷酸二氢钾溶液进行叶面喷施。

（三）缺钾

1．缺钾症状。叶片粗糙发皱，叶片下垂，叶缘卷曲，出现斑点，斑点中心部位坏死，穿洞成孔。

2．防治措施。一般施氮肥量过重会加重缺钾症状，应控制氮肥施用量，可据实际需要施入草木灰 200kg 或硫酸钾10kg，中后期可叶面喷施磷酸二氢钾。

（四）缺钙

1．缺钙症状。首先叶片呈淡绿色，随后顶芽幼叶尖端向下弯曲，慢慢地幼叶尖端及边缘枯死。

2. 防治措施。钙素在烟叶体内活动力较弱，很少能从老叶转移到幼叶部位，故在烟株整个生长期应及时供应钙素。

（五）缺镁

1. 缺镁症状。一般在砂壤土或多雨季节易发生缺镁现象。表现为叶缘及叶脉间自下而上失绿，下部呈白色，但一般不会干枯死亡，有别于缺钾症状。

2. 防治措施。发现此症状时可用追肥或根外喷施0.2%～0.5%硫酸镁进行调整。

（六）缺硫

1. 缺硫症状。主要发生在早期或干旱季节，植株变为淡绿色，上部叶色比下部叶色要淡，下部老叶不像缺氮那样发生焦枯，叶尖往往向下卷缩，叶片上有突起的泡点。

2. 防治措施。缺硫时一般情况下在雨后症状即消失，或者每亩施入石膏 6～9kg 或硫黄 2kg。此外，施用过磷酸钙也可满足其对硫素的需要。四川烟区一般不会发生缺硫的现象。

（七）缺铁

1. 缺铁症状。嫩叶首先失绿，顶部嫩叶脉间变为浅绿色至近白色；缺铁严重的，叶脉的绿色也会褪去，致使整个叶片变为白色。

2. 防治措施。可采用叶面喷洒 0.1%～0.2%硫酸亚铁溶液，每亩喷施兑好的溶液 75L 进行调整。

（八）缺锰

1. 缺锰症状。中性或碱性土中易缺锰，初幼叶褪绿，支脉间的组织几乎由浅绿色变成白色，有的叶片出现坏死斑点；严重的，坏死斑点脱落、烟株变矮。

2．防治措施。缺锰时可基施硫酸锰 1kg 或喷洒 0.05%～0.10%硫酸锰，每亩喷兑好的溶液 50～75 升。

（九）缺铜

1．缺铜症状。植株上部叶片凋萎且不能恢复。花期缺铜时，烟株主茎不能直立。

2．防治措施。缺铜时应及时喷施 0.1%～0.2%的硫酸铜溶液。

（十）缺锌

1．缺锌症状。下部叶片尖端边缘出现褪色现象，而后枯死或破烂。枯死部分开始呈水渍状，随后扩展很快，最后变成红褐色而干枯。

2．防治措施。缺锌时每亩基施硫酸锌 1kg。

（十一）缺硼

1．缺硼症状。顶芽幼叶为淡绿色，茎部变为灰白色，叶片基本停止生长，幼叶基部组织溃烂。作种用烟株，花期缺硼则花顶部凋萎、脱落，不结实或结实不良。

2．防治措施。缺硼时选用 0.1%硼砂水溶液，每亩喷兑好的溶液 60L。

（十二）缺钼

1．缺钼症状。整个叶片凋萎或卷曲，具波状皱纹，叶片失绿呈灰白色；下部叶出现不规则的坏死斑点，先为灰白色，后变棕红色。

2．防治措施。缺钼时选用 0.02%～0.10%钼酸铵溶液，每亩喷兑好的溶液 75 升。

（十三）缺氯

1．缺氯症状。烟株生长不良，下部叶片尖端出现凋萎或失绿，后坏死，由局部遍及全叶；根细且短，侧根少。烟草忌氯，烟叶含氯量高时，烟叶质量下降。

2. 防治措施。土壤缺氯时，可用氯化钾替代部分硫酸钾或硝酸钾，提高土壤氯含量，以保证烟草对氯的生理需要。但氯的含量不宜过高，一般烟叶中含氯量 0.3%～0.5%较理想，否则会影响烟叶的使用价值和质量。

四、烟草施肥技术

烟草的施肥量受当地气候条件、种植密度、烟草品种、需肥特性、土壤肥力、前茬作物、肥料品种及利用率和肥料使用方法等诸多因素的影响。确定施肥数量，要对上述诸多依据因素进行综合分析，全面考虑，制订切合实际的施肥方案。栽烟的土壤种类多，土壤肥力差异大。土壤肥力水平高低主要受土壤的耕层厚薄，有机质和氮、磷、钾含量，土壤质地轻重，结构和通透性好坏，地势高低，酸碱度，前作等因素影响，应全面分析。土壤肥力高的要少施，肥力低的要多施肥料。不同品种的烟草，其需肥量不一样，如红花大金元品种需肥就比 K326、云烟 85、云烟 87、NC82 等需肥量少。气候条件主要是当年烟草大田期降雨量的多少和气温的高低。雨水多的年份，肥料流失量大，气温也相应降低，肥料利用率下降，烟草的肥料用量要适当增加；反之，肥料用量酌情减少。种植密度不同对肥料的需要量也不相同，栽烟密度大时施肥量少；反之，应适当多施。

在制定施肥量时，一是要以当地的施肥试验和施肥经验为基础；二是测土施肥，采用经验施肥与测土配施肥相结合，并以经验施肥为主的方法。第三，还要根据当地的栽培调制技术；最后，还要考虑气候条件，必须以正常年景的气候来确定施肥量，不能以雨水多、肥料流失大的年份的施肥量为依据。

施肥量的确定，首先要确定氮素的施用量，因为氮素对烟叶的产量、质量影响最大；在一定施氮量范围内，烟叶的产量、品质随施氮量的增加而提高。但是，当施氮超过一定限度时，烟叶的品质就会下降。施氮量的确定可根据测土配方施肥结合经验施肥相结合的方法。四川烟区氮磷钾施用量幅度分别为每亩 6～8kg、4～7kg、18～24kg。

按照烤烟大田施肥的时期分为基肥、前期追肥和叶面追肥等。施肥方法分为撒施、条施、穴施、肥料溶液灌根、肥料溶液喷施等。

基肥是指整地起垄或移栽时施用的肥料，除为烟株提供营养以外，还对改良土壤性状有积极作用。移栽时施基肥是指栽烟时穴施或条施的肥料，主要满足烟株早期生长的需要。生产上一般用厩肥、饼肥、复混肥料、过磷酸钙或钙镁磷肥、硫酸钾以及腐殖酸类肥料等作为基肥。基肥所占肥料总量的比例较大，提倡重施基肥，但为了减少损失，一般多雨地区基肥比例为 50%～60%，少雨地区基肥比例为 70%～80%。基肥以撒施、条施居多。农家肥结合深翻施入土壤后，土肥相融，又可以加强微生物活动，促进土壤熟化，提高土壤的保肥、抗旱能力。同时肥效长、肥性稳，对后期上部叶片的长势有利。因此，烟田应用适量腐熟良好、质地纯净的农家肥料在整地时施入。有些化肥更应与农家肥混合做基肥施用，如磷肥可以混入农家肥中施用。

在一般情况下，农家肥最好在冬耕时撒施一部分，翻入较深的土层中，使其有较长的土肥相融的时间，而且在不同层次分布，适宜烟草在不同生育期的需要，但春耕时施入的情况较多；移栽前整地起垄时，再将另一部分农家肥与过磷酸钙和大约 1/2 的复混肥料混合，开沟条施，能分层施用更好。钾素化肥施入土壤中可很快被烟株吸收和利用，但也可被土壤晶格固定，所以硫酸钾最好分层使用，起垄时条施，1/2 先施，起垄后、移栽前开沟条施余下的部分（深约 10cm）。也可以一部分混于农家肥料中做移栽基肥，还可将剩余部分用做前期追肥。

移栽时施基肥以穴施居多，一般饼肥和少部分复混肥料在移栽时采用穴施，如果预留量较多，可用开沟条施的办法；剩余的复混肥料在移栽时采用穴施，既能经济用肥，又可充分发挥肥效。饼肥也可作基肥，与化肥混合施用，还可留一部分作早期追肥。

烤烟的追肥应根据烟草生长发育规律及需肥特点进行，可分为前期追肥、中期追肥和后期追肥。复混肥料、速效氮肥、速效钾肥（含草木灰）、微肥等均可作为追肥施用。生产上常用于追肥的肥料是三元复混肥料、磷酸二氢钾、微肥和速效氮肥等。

追肥的形式选在烟株生长前期，追肥量大时一般采用向土壤追肥的形式，利用条施、穴施、肥料溶液灌根等方法将肥料施入。在烟株生长的中、后期，追肥量小时可采用根外追肥。一般追施微肥和少量的磷、钾，通常采用这种追肥形式。根外追肥又称为叶面喷施或叶施，养料从叶片的角质层和气孔进入，最后通过角质膜进入细胞内，进而再分解到植物体的其他部分。这种施肥方法是烤烟中、后期追肥的最主要的方法，比较安全、有效。根外追肥可以补充烟草从土壤中某些营养元素吸收的不足，如锰、铁、铜、硼、锌等；叶面喷施可减少养分移动、运输途径，加快烟株对营养元素吸收的速度，提高其利用率，如磷肥、硼肥等。烤烟喷施速效氮、磷、钾和微量元素都有明显效果；喷施磷酸二氢钾在烤烟增产增质方面也有明显的效果。烟草施叶肥对生产有积极的作用，但叶施决不能代替基肥和正常追肥，因为其施肥量非常有限，只能作为补肥措施。

烟草前期生长慢，团棵至现蕾期快，后期再变慢，封顶后又有所加快。一般品种在移栽后 30～40 天内发叶率高。为了满足旺长期对肥料的要求，追肥越早越好；过晚影响烟草正常生长，造成后期不易落黄，降低品质。因此，追肥主要在团棵以前，一般在移栽后 25～30 天以内施入。中、后期追肥情况少，除喷施微肥或烟田脱肥外，一般不追肥，确须追肥应尽可能提前。

前期追肥属于正常追肥，通常不超过两次。若追一次时，约在栽后 20 天进行，追施剩余的约 1/4 复混肥料；也可根据烟株生长情况，追施饼肥或硫酸铵或少量尿素。硝酸铵在土壤中流动很大，不易为土壤胶体所吸附，易随水流动，不易做基肥，宜做追肥；做追肥也不应太早施用以免造成流失。需要两次追肥的，第一次约在移栽后一周内进行；第二次在伸根期中耕培土以前，约在移栽后 20～25 天进行。必要时，可在移栽后约 30 天再进行一次。

中期追肥，一般可分为以下三种情况：在大田烟株表现缺氮的情况下，用少量的速效氮肥（硝酸铵或硝酸钾等）兑水灌根，但要严防过量引起贪长。需要量少时，比较稳妥的办法是叶面喷施。三要素养分根外追肥的浓度以 0.5%～1.0%

较为安全有效；大田烟株表现缺磷或缺钾时用磷酸二氢钾或其他肥料溶液灌根。施用量小时可叶面喷施，浓度为0.3%～0.5%，7～10天一次，连续二、三次；正常喷施微肥，喷施微量元素的浓度以0.2～0.5%为好。一般硼为0.25%的硼砂溶液，锌浓度为0.20%硫酸锌溶液，锰浓度为0.1%硫酸锰溶液。烟草对微量元素的需要量有限，浓度过高反而引起肥害。尿素一般为0.5%，草木灰液为10%，过磷酸钙为0.5%，磷酸二氢钾为0.5%。由于夜间比白天吸收率大3～10倍，因此以夜间或傍晚喷施较好，下午晚些时候也可，要选择无风天气进行，便于吸收。叶背比叶面吸收快，叶位越高，吸收率越高。

后期追肥，一方面是追微肥；二是在营养严重失调，如氮素过多、烟叶不落黄时，可用磷酸二氢钾溶液进行灌根或叶面追施，以根外追肥为主。

第五节　特色水果施肥实用技术

四川实有果园面积已达870万亩，其中，梨园面积位居全省第二。近年，猕猴桃、枇杷发展很快，今后重点建设优质猕猴桃产业带、优质枇杷产业带、优质梨生产区等10大优势区域。具有不同地方特色的水果的施肥很复杂，品种不同，其施肥方法也不一样。

一、猕猴桃施肥实用技术

猕猴桃（学名：*Actinidia chinensis*），也称为猕猴梨、藤梨、羊桃、阳桃、木子与毛木果等，原产于中国湖北宜昌市夷陵区雾渡河镇。一般是椭圆形的。深褐色并带毛的表皮一般不食用，而其内则是呈亮绿色的果肉和一排黑色的种子。猕猴桃的质地柔软，味道有时被描述为草莓、香蕉、凤梨三者的混合。因猕猴喜食，故得名。

（一）猕猴桃营养特性

1．根系的营养生长特性

猕猴桃根为肉质根，初生根为白色，后变为浅褐色，老根外皮呈灰褐色，内层肉红色。主根不发达，须根繁多，分布浅而广，多分布在 50cm 表土层内。根的导管发达，根压大，输送养分的能力较强。易产生不定根，具较强的再生能力。

据观察，幼苗出现 2～3 片真叶时主根就停止分生，而侧根快速分生，发育形成庞大侧根群，呈须根状根系。侧根加粗生长，自基部至顶部粗细几乎相等，形成骨干根，多呈水平分布状态，其上再分生细根和吸收根。细根特别发达而稠密，有丛生性的缠绕现象。一般一年生苗根系深达 20～30cm，水平分布 25～40cm；2 年生苗根系深达 40～50cm，水平分布 60～100cm；3 年苗根系其骨干根开始明显粗壮，不向深处伸展，而向水平发展。其水平分布范围超过枝蔓生长范围。在土壤疏松、肥沃、深厚、湿润的地方，其根系庞大，吸收能力强，但不耐旱。

猕猴桃根系的年生长周期比枝条长，且年周期中有两个高峰期：第一次高峰期在枝梢迅速生长的 6 月份出现；第二次在果实发育后期的 9 月份出现。根系生长与地上部生长呈交替而有一定规律的变化。

2．枝叶的营养生长特性

猕猴桃属落叶藤本蔓性果树，枝蔓顶端呈反时针缠绕性生长。一般一年近两次生长，少有3次生长。枝蔓长达10m左右，主蔓一个至几个；据长势和结果与否，又可分为结果枝与营养枝两种。猕猴桃叶片大小与生态环境、营养条件有关。芽膨大后20天左右叶子即开始展开。前期生长速度较快，叶面积迅速扩大，逐渐发育成老熟叶。其叶形因品种而异。

（二）猕猴桃需肥规律

猕猴桃适应温暖湿润的微酸性土壤，生长旺盛，枝叶繁茂，结果多而早，需消耗大量养分，而土壤中有效养分难以满足其需求，及时有效地施入化肥补充营养非常重要。猕猴桃喜钾、氯、铁，应注意这三种养分的充足供应。据资料显示，生产1000kg果品所需养分量分别为：氮1.84kg、磷0.24kg、钾3.2kg，其养分吸收比例为1∶0.13∶1.74。猕猴桃对各类矿质元素需要量大，且在不同生育期差异很大。早春萌芽期至坐果期，氮、磷、钾、镁、锌、铜、铁、锰等在叶中积累量为全年总量的80%左右；果实膨大期，氮磷钾营养元素逐渐从枝叶转移到果实中。同时，猕猴桃对氯有特殊的喜好，特别在钾缺乏时，对氯有更大的需求量。此外，种植猕猴桃的土壤有机质含量应大于1%，最好是含2%～3%森林土的枯败落叶层。

（三）猕猴桃缺素症状及防治措施

1. 缺氮

（1）缺氮症状。猕猴桃缺氮较为常见，特别是进入盛果期后管理较粗放的果园尤为突出。一般讲，生长正常的新叶干物质含氮量应为2.2%～2.8%，当含量下降至1.5%时，叶片从深绿变为浅绿，甚至完全变为黄色，但叶脉仍保持绿色，老叶顶端叶缘为橙褐色日灼状，并沿叶脉向基部扩展，坏死组织部分微向上卷曲。果实小，商品价值低。

（2）防治措施。应在定植时，充分施用有机肥；在生育季节要适时适量追施氮肥，以满足其需要。

2．缺磷

（1）缺磷症状。磷能增强猕猴桃的生命力，促进花芽分化、果实发育和种子成熟，增进品质、促进根系扩展及抗旱、抗寒能力。缺磷多表现在老叶上，在园中并不多见。健康叶含磷量为 0.18%～0.22%，在叶片干物质含磷量低于 0.12%、生长严重受阻时，才出现明显的症状。老叶先从顶端下部的叶脉扩展失绿，叶片正面呈暗红色，叶片背面的主、侧脉变为红色，基部逐渐变深。

（2）防治措施。磷移动性小，应与有机肥混合均匀，做基肥施入，以补充土壤中的有效磷，满足植株需求。在增施过磷酸钙和有机肥的桃园，极少见缺磷症状。

3．缺钾

（1）缺钾症状。适量钾素可促进果实肥大和成熟，促进糖的转化和运输，提高果实品质和耐贮性并可促进加粗生长和组织成熟，增强树体的抗逆性。缺钾是一种发生较普遍的养分失调现象，许多情况下，缺钾引起的叶部症状被误认为是由于干旱或风害引起的。缺钾多表现在老叶上。通常猕猴桃含钾 1.8%～2.5%，若下降到 1.5%以下会呈现缺钾症状。缺钾的最初症状是萌芽时长势差、叶片小，随着缺钾加重，叶片边缘向上卷起，尤其在高温季节的白天比较突出，到了晚间又消失。缺钾进一步发展时叶片长时间上卷，支脉间的叶肉组织向上隆起，叶片从边缘开始褪绿；褪绿由叶脉间向中脉扩展，多数褪绿组织变褐坏死，叶片呈焦枯状，直至破碎、脱落；果实数量和大小都受到影响而导致减产。

（2）防治措施。缺钾现象主要是由于施用的钾肥不足以补充每年由于收获果实而带走的大量钾素，在生产上应该重视钾肥的应用。由于猕猴桃生长需要较高的氯素含量，因此，施用氯化钾较好。

4．缺钙

（1）缺钙症状。钙在细胞壁构成中起重要作用，能调节光合作用，与膜的稳定性和渗透性密切相关，适宜的含钙量可延迟果实衰老，提高硬度，增强耐贮性。缺钙多表现在当年发出的刚成熟的新叶上。首先是基部叶脉颜色变得暗淡，甚至坏死，并逐渐扩展形成坏死组织块，叶片质脆，干枯脱落，枝梢死亡。钙过度缺乏时，根端死亡，根尖附近也会产生大面积坏死组织。一般健康植株的叶片含钙 3%～3.5%，低于 0.2%时就会出现上述症状。

（2）防治措施。土壤中施入过磷酸钙、硝酸钙等可防止缺钙症状的发生。

5．缺铁

（1）缺铁症状。铁元素参与植物的基本代谢，在蛋白质的合成、叶绿素的形成、光合作用等生理化过程中起着重要作用。猕猴桃缺铁在瘠薄黏重或碱性重的园地较为常见，多表现在嫩梢、嫩叶上。叶片变薄，脉间失绿，变成淡绿色至黄白色，早期叶脉绿色。严重时，大多数叶片均变为橘黄色以至黄白色，易脱落，结果少。苗圃缺铁时，幼苗黄化、生长极为缓慢。当叶片干物质铁含量低于 60mg/kg 时，即会发生缺铁症状。缺铁原因很复杂，有的是因土壤缺铁或 pH 值高而致使铁素难以有效释放；有的因渍水烂根，降低了对铁素的吸收能力而导致缺铁。猕猴桃对铁的需求量高于苹果、梨等果树对铁的吸收量，在土壤pH值高于7.5的地区栽培时，须特别注意。

（2）防治措施主要是改土培肥。成龄猕猴桃园，可结合秋施基肥，大量施入有机肥混加硫酸亚铁（一般每株用量为1～2kg）。应急时可用硫酸亚铁350倍液喷施病株，以利恢复。

猕猴桃铁过量时也会发生中毒症状。铁中毒症状的主要表现是在成熟叶片边缘，褪绿变成黄绿色至黄褐色，严重时叶缘变成褐色，出现坏死组织区，且叶缘稍卷起以致叶片脱落。铁中毒症状多出现在含铁矿石成分高或用含铁量较高的水灌溉的果园。

6. 缺镁

（1）缺镁症状。镁能调节植物的光合作用和水合作用，适量的镁可促进果实肥大，增进品质。缺镁现象在猕猴桃果园比较常见，主要发生在生长的中、晚期。其症状是在当年生成熟叶上，出现叶脉间或叶缘淡黄绿色，但叶片基部近叶柄处仍保持绿色。健康叶的含镁量在0.3%～0.4%，新形成的叶片在0.1%以下就出现缺镁症状，严重时失绿组织坏死，坏死组织与叶脉平行，形成马蹄形。

（2）防治措施。可喷施0.1%～1.0%硫酸镁溶液来矫治。

7. 缺硼

（1）缺硼症状。硼能促进花芽分化和花粉管生长，对子房发育也有影响；适量的硼能提高维生素和糖的含量，增进品质；还能促进根系发育，增强吸收能力。幼嫩新叶容易发生缺硼现象。首先于幼叶中部出现不规则黄色斑块，并沿主、侧脉两边扩延，但叶缘正常不失绿。先端嫩枝幼叶畸形扭曲，枝蔓生长受影响。当叶片干物质硼含量低于 20mg/g 时，缺硼症状就会显现出来，但不常见。

（2）防治措施。缺硼时可以用 0.1%的硼砂进行叶面喷施。

猕猴桃叶片中硼的含量超过 100mg/kg 干物质时，又会出现硼中毒，症状为老叶脉间失绿，并扩大到幼叶，呈杯状卷曲，组织坏死；在风吹日晒下，坏死组织呈银灰色，质脆易碎，呈撕破状。据研究表明，在每公顷施用量超过 2kg 硼肥或灌溉水中每升水含量达 0.8mg 时就会出现硼中毒。

8．缺锌

（1）缺锌症状。锌是某些酶的组成成分，还与生长素的合成有关，因此是果树的重要营养元素之一。砂地、偏碱地以及瘠薄的山地猕猴桃园容易出现缺锌现象；土壤中磷素多、施磷肥过早，会影响猕猴桃对锌的吸收，也会表现出缺乏症。缺锌时新梢会出现小叶症状，老叶脉间失绿，开始从叶缘扩大到叶脉之间，叶片未见坏死组织，但侧根的发育受到影响，健康叶片的含锌量为 15～28mg/kg 干物质，在 12mg/kg 干物质以下时，出现外观症状。

（2）防治措施。用 1.0%～1.5%的硫酸锌喷洒叶片可消除缺锌症。

9．缺氯

（1）缺氯症状。猕猴桃对氯很敏感，并且需要量大。缺乏时，往往影响对钾肥的吸收。缺氯时，首先在老叶顶端主、侧脉间出现分散状褪绿，继而从叶缘向主、侧脉扩展，有时叶缘呈连续性失绿，老叶常反卷呈杯状。根系生长受到削弱，距根尖 2～3cm 处的组织肿大，常被疑为根结线虫的肿瘤。

在多雨地区，土壤中的氯元素易被淋溶而损失，叶片干物质含氯量达不到0.8%～2.0%时，缺氯症也会发生。

（2）防治措施。可追施氯化钾予以解决。

10．缺铜

（1）缺铜症状。猕猴桃正常的叶片干物质含量为10mg/g，当猕猴桃叶片铜元素含量低于3mg/g时出现受害症状。开始幼叶及未成熟叶失绿，随后发展为漂白色，结果枝生长点死亡，还出现落叶。

（2）防治措施。用0.03%硫酸铜溶液叶面喷施。

11．缺硫

（1）缺硫症状。硫是多种氨基酸和酶的组成成分，与碳水化合物、脂肪和蛋白质的代谢有密切关系。猕猴桃缺硫初期症状为幼叶边缘呈淡绿色或黄色，逐渐扩大，仅在主、侧脉结合处保持一块呈楔形的绿色，最后幼嫩叶全面失绿。叶片干物质硫的含量保持在0.25%～0.45%较合适，低于0.18%干物质就会出现受害症状。这种症状发生率很低，大多数硫酸铵等肥料中已含有足够的硫元素。

（2）防治措施。可通过施硫酸铵、硫酸钾等肥料进行调整。

12．缺锰

（1）缺锰症状。适量的锰能保证猕猴桃各生理过程正常进行，可提高维生素C的含量。猕猴桃在生长中期，营养枝上成熟叶片干物质含锰量低于30mg/g时出现受害症状。此时，新成熟叶缘失绿，进而主脉附近失绿，小叶脉间的组织向上隆起，并像蜡角有光泽，最后仅叶脉保持绿色。锰失调常见于土壤pH值高于6.8的地区或者石灰过多的土壤。

（2）防治措施。施用碾细的硫黄、硫酸铝或硫酸铵，可使土壤变酸而释放出猕猴桃原来无法利用的锰。

锰过量也是红心猕猴桃生产上较常见的，其中毒症状是沿老叶主脉集中出现有规律的小黑点，这一特点区别于其他养分失调现象。锰中毒多发生在酸性土壤或排水性很差的果园，防治措施：可以通过施用石灰来提高土壤 pH，以减少可溶性锰的降低或改善果园的排水系统来矫正锰中毒现象。

猕猴桃有时还会出现钠中毒。据分析，用含钠量较高的井水灌溉，在猕猴桃叶片钠含量大于 0.12%时，植株明显矮小，叶片呈蓝绿色。

（四）猕猴桃施肥技术

1．施肥数量和施肥时间

（1）基肥。以有机肥为主，有机肥用量占全年用量的 80%，无机肥用量占全年用量的 20%，基肥总量应占全年施肥量的 60%。具体用量为：挂果树每株用 0.5kg 猕猴桃专用复混肥料、30kg 左右农家肥、2～3kg 过磷酸钙、0.5kg 左右氯化钾混合腐熟后施用，或每株用生物有机菌肥 10kg 左右、猕猴桃专用复混肥料 0.5kg 左右、过磷酸钙 2～3kg、氯化钾 0.5kg 左右混施。幼树减半施用。根据我省猕猴桃物候期特点，基肥的最佳施肥期为 9 月中旬至 10 月上旬，采用全园深翻施肥。

（2）萌芽肥。以无机肥为主，用量占全年的 30%，立春前 10 天内结合抗旱浇水施肥。具体用量为：挂果树每株施猕猴桃专用复混肥料（春肥）0.5kg 左右。幼树每株施猕猴桃专用复混肥料（春肥）或尿素 0.1kg 左右（当年栽植的树和刚嫁接的树不施肥）。

（3）壮果肥。以无机肥为主，用量占全年的 40%，谢花后 7～15 天施用，每株施猕猴桃专用复混肥料（壮果肥）0.6kg 左右。

（4）根外追肥。挂果树谢花后 15～20 天，套袋后，叶面喷施 0.3%磷酸二氢钾加 0.3%尿素或其他叶面肥。此后，在 7 月上旬，对挂果树叶面喷施钙肥。

（5）幼树追肥。以“少吃多餐”为原则，全年追施五、六次，分别在立春后的 2 月、4 月、5 月、6 月和 7 月施用，每株施猕猴桃专用复混肥料（或尿素）0.1kg、氯化钾 0.1kg、过磷酸钙 0.2kg；当年新植树和刚嫁接的幼树在 5 月中旬新梢长至 50cm 以上后施用，施用量为幼树施肥量的一半。

2．施肥方法

（1）根部施肥

① 环状沟施肥。在树冠投影外缘稍远处或距树干周围 1m 处，挖深、宽各 30～40cm 环状沟施肥。

② 放射沟施。以主干为圆心，在树冠投影内外各 40cm 左右顺水平跟生长向挖放射沟 4～6 条，宽 30cm、深 30～40cm，内浅外剩，以免伤根太多。将肥、土混合施入沟内。

③ 条沟施肥。在树冠投影外缘两侧各挖一条宽 30cm、深 30～40cm 的沟，施入肥料。

④ 穴施。在树冠下距主干 1m 远处挖深 40cm、直径 40～50cm 的穴，数量根据树冠大小和肥量而定并将肥料施入。

⑤ 撒施。全园撒施后深翻 20～30cm。

（2）根外追肥

根外追肥受养分分配中心的影响小，简单易行，用肥量小，肥效快；可避免某些营养元素在土壤中的固定或淋失损失，可结合喷药、喷灌进行，能节约劳动力，降低成本。

在阴天或晴天的早晨和傍晚无风时，将一定浓度的肥料水溶液均匀喷施在叶片上。猕猴桃叶面喷肥常用的肥料种类和浓度分别为：尿素 0.3%～0.5%、硫酸亚铁 0.3%～0.5%、硼酸或硼砂 0.1%～0.3%、硫酸钾 0.5%～1%、硫酸钙 0.3%～0.4%、草木灰 1%～5%、氯化钾 0.3%。

二、枇杷施肥实用用技术

枇杷（学名：*Eriobotrya japonica*；英文名：Loquat），中文古名芦橘，又名金丸、芦枝，是蔷薇科中的苹果亚科的一个属，为常绿小乔木。树冠呈圆状，树干颇短，一般树高 3～4m。叶厚，深绿色，背面有绒毛，边缘成锯齿状。枇杷原产自中国东南部，因果子形状似琵琶乐器而得名。

（一）枇杷营养特性

枇杷树的正常生长发育需要多种营养元素，综合各类研究，每生产 100kg 浆果，需氮 2～3kg、磷 1～2kg、钾 3～4kg、镁 0.5kg。若枇杷生长发育过程中营养不能及时补充，其生长发育和产量将受到影响。枇杷施肥量的多少，要根据土壤肥力、气候、树龄及当年开花结果量的多少来确定。对于土壤肥力较低的山丘果园，施肥量为：氮 200～250 克/株、磷 100～150 克/株、钾 300 克/株、镁 50 克/株；对于土层深厚肥沃的果园或有机肥充裕的地方，化肥施用量可酌情减少；未挂果幼树的施肥以氮、磷肥为主，用量为成年挂果树的一半。

（二）枇杷需肥规律

氮是枇杷生长需求量最多的元素之一，增施氮肥可增强树势，延迟开花期，对防冻也有一定效果。氮充足时树势壮，枝粗叶大，花量适中，果大，产量高。氮过多时枝梢徒长，果实虽大，但色、味均淡，果肉较硬。氮不足时长势弱，枝梢少且细短，叶小而薄，老叶早脱落，果小，产量低。

磷大量存在于枇杷的繁殖器官中，施磷可提高坐果率，促进根系生长，提高果实含糖量。缺磷的枇杷根系生长差，叶小、色暗绿，生长衰弱。

钾大量存在于果实中，叶片、新梢含钾量也高。增施钾肥对促进果实肥大、提高产品质量有明显作用。钾还能促进枝条充实，提高抗病能力。

钙在枇杷体内是含量最多的元素，钙可以调节树体的酸碱度，在含钙丰富的土壤上，枇杷树势健旺。缺钙时，枇杷芽色变褐甚至枯死。

镁是叶绿素的成分，镁不足时叶脉间失绿，叶片发黄，提早脱落。

从枇杷植株整体看，钙含量占干物质重量的 0.71%，钾占 0.53%，氮占 0.39%，镁占 0.10%，磷占 0.06%。对枇杷果肉的分析，除氮外，还有钙、镁、钾、钠、磷、铁、锰、锌、硼等，其中铁的含量最多，为 126～700mg/100g；钾其次，为 210mg/100g。分析正常枇杷叶片，含氮 1.35%、磷 0.09%、钾 0.4%、钙 0.16%、镁 0.05%。如果哪一种元素低于上述含量，则表明枇杷缺乏该种元素。因此，叶片分析可以作为枇杷施肥的依据。

（三）枇杷缺素症状及防治措施

枇杷的生长过程中，经常会出现微量元素缺乏症。

1．缺钾

（1）缺钾症状。细砂土、酸性土及有机质少的土壤，或者在轻度缺钾土壤中偏施氮肥都易表现出缺钾症。沙质土施石灰过多，可降低钾的可给性。枇杷缺钾时会表现出新梢细弱，叶色失绿，叶尖叶缘会出现黄褐色枯斑，叶片易落，结果率降低；果小且着色差，果实含糖量低。

（2）防治措施。缺钾时可施入硫酸钾或氯化钾溶液。

2．缺硼

（1）缺硼症状。枇杷要求土壤能提供可给态的硼量是0.1～0.5mL/L；要求叶片的含硼量不得少于15mL/L。硼对枇杷叶片的叶绿素形成、碳水化合物的运输和转化、花粉粒的形成和发芽、子房的发育、果实维生素和糖的含量以及根系的发育，都有一定的功用。可是，硼在树体内多呈不溶状态存在，而土壤中的硼，因多雨容易流失；因干旱，又使枇杷吸收困难，再因土中的钙（石灰）会和可溶性硼结合成高度不溶的偏硼酸钙，所以，枇杷缺硼现象常会发生。枇杷缺硼的主要表现有：茎顶端生长受阻；根生长不良或尖端坏死；叶片增厚变脆或失绿坏死，长斑点；花丝、花药萎缩，花粉异常，花粉粒发芽不良和花粉管伸长受阻，影响受精。缺硼对枇杷开花、结果都有较大的障碍。

（2）防治措施。园地覆盖能够保肥、保土、保温、保湿，对预防缺硼的效果最好。干旱时期要及时灌水、浇水或喷灌抗旱。在花期前后（即9月上旬、9月中旬、10月下旬、1月下旬）用0.1%硼砂加0.2%尿素溶液连喷4次。

3．缺钙

（1）缺钙症状。钙素能直接影响细胞增殖，促进根系的发育，延缓树体的衰老，影响枇杷果实的成熟和着色。当枇杷树体缺钙时，根尖伸长停止，根毛畸变，叶片顶端或边缘生长受阻，直至枯萎；枯花严重。更因缺钙的关系，在成熟果实上表现出两种症状：一是果实黑脐病，俗称“黑肚脐、黑筒、黑顶”。表现为萼筒周围的皮部发僵，萼筒附近的果肉软绵，待果实发育至接近成熟时，形成一种皮硬肉松的青僵症状。此后，因腐败菌侵入软绵的果肉，至果实成熟后，软绵果肉黑色腐烂，外果皮仍然青僵，透露黑晕。发病果实有臭味和苦味，不能食用。二是果实干缩病，俗称“硬头、树头干、鬼哮果”。也因果肉软绵，至果实成熟时遇高温烈日，果实干瘪，不能食用。形成果实黑脐病或干缩病的原因，都是枇杷树体缺钙而使果肉软绵的生理性病害。

（2）防治措施。加强培肥，增强树势。pH 为 5 以下土质或是砂性较重的园地，要注意增施石灰，每亩园地施生石灰 100kg 左右；认真疏花疏果，每穗保留 1～3 个果量；树冠外围和顶上喷射 1%～2%石灰水，既防日晒，又能补钙；增设避雨和防晒（遮阳网）设施；在采果后到孕蕾前，喷射波尔多液、石硫合剂等农药，既能防病，又补钙。

4．缺铜

（1）缺铜症状。枇杷缺铜时在叶片、枝梢上无明显表现，可是在果实上却出现硬皮症。这些果实在成熟后，病部的果皮仍呈不匀的深绿斑，皮与肉粘连。整个果皮变脆，去皮易断，所以又称“脆皮果”。产生缺铜症的原因，除了新垦山地易缺铜以外，主要是由于山地坡度大，土壤砂性重，多年没有使用波尔多液。结果量较多的树体，容易发缺铜病。

（2）防治措施。可结合防病喷射波尔多液。

5．缺镁

（1）缺镁症状。酸性、沙质土壤易缺镁。枇杷缺镁形成叶片失绿，叶脉间叶肉淡化，呈黄绿相间的斑块。叶片很快变黄脱落。

（2）防治措施。注意改良土壤：在土壤 pH 为 6 以上的土壤可施用硫酸镁，pH 为 4.5～5 的土壤可施溶解性较差的碳酸镁和部分硫酸镁或氧化镁。

6．缺铁

（1）缺铁症状。枇杷缺铁常出现于新叶顶端。叶片中肋与侧脉保持绿色，而叶脉间成浅绿至黄白化。

（2）防治措施。在早春树液流动期、花芽萌动期和果实成熟期的前一个月，采用输液施肥的方式，将 3g 硫酸亚铁溶于 0.5L 水中（另可加入尿素 6g，磷酸二氢钾 4g），注入枇杷树主干距地面 20cm 处。

7．缺锰

（1）缺锰症状。枇杷缺锰症状首先出现在新梢叶片。缺锰初期叶缘开始失绿，变为黄绿色。但主脉和中脉仍保持绿色，细脉不明显，遂发展为仅主脉保持绿色，其余均为淡黄色。严重时，全叶变黄色，叶尖出现褐色斑点。

（2）防治措施。5～7 月叶面喷施 0.2%～0.3%硫酸锰溶液，每 20 天喷 1 次，共喷三、四次；用 0.3%硫酸锰溶液涂抹枝干，促进新梢和叶片生长；一般每亩施氧化锰 0.5～1.25kgkg 或氯化锰、硫酸锰 1～4kg。

（四）枇杷施肥技术

枇杷施肥应重施有机肥，实行有机、无机肥料相配合，氮、磷、钾肥相结合；重施采果肥，巧施花前肥，补施壮果肥和春肥；土施为主，根外追肥为辅。提倡果园草生栽培（恶性杂草除外）或种植绿肥。

1．施肥数量

枇杷的需肥量较大，比一般落叶果树多。1～3 年生幼树，一年每亩可施用有机肥 1000～2000kg，成年树每亩可施用有机肥 2000～3000kg。大量元素肥料可参照表 5-2 所示施用。

表 5-2　枇杷施肥用量参考表（单位：kg／亩·年）

树龄（年）	产量	氮（N）	磷（P_2O_5）	钾（K_2O）
1～2		2.0～2.5	1.0～1.5	1.5～2.5
3～4	1～2.5kg/株	3.0～3.5	1.5～2.0	2.0～3.0
5～6	5～15kg/株	4.0～5.0	2.5～3.0	3.0～3.5
7～8	10～20kg/株	6.0～7.0	3.5～6.0	5.0～8.0
9～10		10～11	8.5～9.0	9.5～12
15	600～800kg/亩	13～15	10～13	12.5～15
20		18～20	13～15	14～16

注：栽植规格为 3m×4m 或 4m×4m，亩植枇杷 42～56 株。

2．施肥时间

幼树：1～3 年的幼树一年可施 6～8 次肥。施肥的原则为：勤施薄施，在抽梢前施好促梢肥，以氮肥为主；半月后、当新梢转绿前施一次壮梢肥，可配合施用少量的磷肥。

结果树：结果树一年施 3～4 次肥。第一次为采果肥：在采果前 7～10 天施用，采取速效肥和缓效肥相结合，施肥量占全年用量的 50%～60%（N：P_2O_5：K_2O=3：2：2），以补充养分，及时恢复树势。第二次为花前肥：9～10 月开花前施用，以有机肥为主，开花多的可用复混肥料，增施钾肥，提高坐果率；对花少树旺的可少施或不施，施肥量占全年用量的 20%～30%（N：P_2O_5：K_2O=5：4：5）。第三次为春肥：在 2～3 月份春梢抽发前施用，以速效性氮、磷、钾复混肥料为主，根据树势和挂果量来施，用肥量为全年的 10%左右（N：P_2O_5：K_2O=3：4：3）；对果多春梢少的可以适当多施，以促进春梢抽发和幼果膨大。第四次为壮果肥：在 3 月底到 4 月初施用，以速效性氮、磷、钾复混肥料为主，占全年用量的 10%～20%（N：P_2O_5：K_2O=3：4：3），以促进果实的膨大，提高品质；但钾肥不宜过多，以免果肉变粗变硬，降低品质。

3．施肥方法

（1）土壤施肥。底肥采用条沟状施肥的方式，追肥采用穴施的方法，一般在树冠滴水线附近开沟 40～50cm 深或挖穴 20～30cm 深；施肥时要求灌足水并覆土，以提高肥效，减少肥料损失。

（2）根外追肥。在土壤施肥的同时，可对枇杷进行根外追肥（叶面喷肥）。这增强树势、保花保果、促果膨大、提高品质和矫治缺素症起着重要作用。喷雾时间最好在上午 10 点以前和下午 4 点以后，禁止使用激素类肥料。常用的根外追肥使用浓度参照表 5-3 所示。

三、优质梨施肥实用技术

（一）梨树营养特性

梨是仁果类果树，生育习性和施肥技术都有相似之处。根系主要分布在与树冠相应范围，距主干 1～1.5m 的根量约占总根量的75%～80%，垂直分布可达3～4m，大部分集中在0～40cm土层内。梨树根系在5～7℃开始活动，15～20℃生长旺盛。当土壤温度超过30℃，梨的根系几乎停止生长。根系的生长早于枝条20～25天。

表5-3 枇杷根外追肥常用种类和浓度

肥料种类	浓度（%）	肥料种类	浓度（%）
尿素	0.2～0.4	硫酸锌	0.1～0.2
硼砂	0.2～0.3	磷酸二氢钾	0.2～0.3
硫酸钾	0.3～0.4	过磷酸钙	0.5～1.0（过滤）
硫酸铜	0.01～0.02	硫酸镁	0.1～0.2

注：在现蕾期用1‰的纯硼酸喷雾，坐果率明显提高。

梨要求微酸性至中性的土壤，对土壤酸碱度要求较不严格，甚至pH为8.0左右仍可正常生长。梨吸收氮（N）4.3kg、磷（P_2O_5）1.6kg、钾（K_2O）4.1kg，其比例为1∶0.37∶0.95。梨从萌芽到开花期，花朵、新梢和幼叶等营养器官和生殖器官中，氮、磷、钾含量都较高，尤其是氮的含量最高，说明萌芽开花时对养分的需求很迫切。但此期主要是利用树体内上年贮存的养分，而在土壤中吸收得并不多。进入新梢旺盛生长期，树体生长量大，是肥料吸收最多的时期。其中，以氮的吸收量最高，其次为钾，而磷较少。进入果实发育和花芽分化期，正值果实迅速膨大，同时，新的花芽分化，也需要较多的养分供应，此期对养分的吸收排序为钾＞氮＞磷。果树采收至落叶期，此时主要是养分回流，为来年贮存有机物质，树体仍需要吸收部分营养物质，但吸收量明显减少。

（二）梨树需肥规律

每生产 1000kg 梨，需要氮 4～6kg、磷 2～3kg、钾 4～6kg。不同树龄的梨树需肥规律不同。梨树幼树需要的主要养分是氮和磷，特别是磷素，它对根系的生长发育具有良好的作用。建立良好的根系结构是梨树树冠结构良好、健壮生长的前提。成年果树对营养的需求主要是氮和钾，尤其是果实的采收带走了大量的氮、钾和磷等许多营养元素，若不能及时补充则将严重影响梨树来年的生长及产量。

（三）梨树缺素症状及防治措施

缺素症是一种生理性病害，苹果、梨树发生缺素症都与特定的微量元素有关，往往在生产上造成一定的影响，果农不应忽视。

1．缺氮

（1）缺氮症状。叶片含氮量在 2.5%～2.6%时即表现为缺氮。缺氮时，梨树叶呈黄绿色；老叶转变为橙红色或紫色，易早落；花芽、花及果实都少，果实变小；虽然果小，但着色很好。梨树在土壤瘠薄、管理粗放、缺肥和杂草多的果园易发生缺氮症。

（2）防治措施。一般正常施肥管理的果园多不发生缺氮症，在雨季和秋梢生长期，树体需要大量氮素时可在树冠喷施 0.3%～0.5%尿素溶液。

2．缺磷

（1）缺磷症状。叶片含磷量在 0.15%以下时，即表现为缺磷症。当梨树磷供应不足时，光合作用产生的糖类物质不能及时运转，累积在叶片内转变为花青素，使叶色呈紫红色，尤其是春季或夏季生长较快的枝叶几乎都呈紫红色，这种症状是缺磷的重要特征。疏松的砂土或有机质多的土壤常缺磷。当土壤中含钙量多或酸度较高时，土壤中磷素被固定成磷酸钙或磷酸铁铝而不能被果树吸收时，也会出现缺磷症状。

（2）防治措施。对缺磷果树，可在展叶期叶面喷施磷酸二氢钾或过磷酸钙。因土壤碱性和钙质高造成的缺磷须施入硫酸铵，使土壤酸化以提高土壤中磷的有效成分。

3．缺钾

（1）缺钾症状。缺钾时，当年生的枝条中下部叶片边缘先产生枯黄色，后呈枯焦状，叶片常发生皱缩或卷曲。严重缺钾时，整叶枯焦挂在枝上，不易脱落；枝条生长不良；果实常呈不熟的状态。7 月中旬至 8 月中下旬，新梢中部叶含钾量低于 0.5%时即为缺钾。细砂土、酸性土及有机质少的土壤，易表现缺钾症；沙质土施石灰过多，可降低钾的可给性。

（2）防治措施。增施有机肥或种绿肥压青。生长期每亩追施硫酸钾 20～25kg 或氯化钾 15～20kg。叶面喷施 0.2%～0.3%磷酸二氢钾次两三次。

4．缺钙

（1）缺钙症状。梨树缺钙时新梢嫩叶上形成褪绿斑，叶尖及叶缘向下卷曲，几天后褪绿部分变成暗褐色并形成枯斑。这种症状会逐渐向下部叶扩展。果实缺钙易形成顶端黑腐。土壤酸度较高时，可使钙很快流失。如果氮、钾、镁较多，也容易发生缺钙症。

（2）防治措施。在砂质地上穴施石膏、硝酸钙或氧化钙；叶面喷施 0.5%的氯化钙溶液，对易发病树一般喷四、五次。

5．缺镁

（1）缺镁症状。梨树缺镁时出现失绿症，先从枝上的基部叶开始，失绿叶表现为叶脉间变为淡绿或淡黄色；呈肋骨状失绿。枝条上部的叶呈深棕色，叶片上叶脉间可产生枯死斑；严重缺镁时，从枝条基部开始落叶。在酸性土壤或砂质土壤中镁容易流失，果树易发生缺镁症；在碱性土壤中则很少表现缺镁。当施钾或磷过多时，常会引起缺镁症。

（2）防治措施。轻度缺镁时，采用叶面喷洒含镁溶液效果最快；严重缺镁则以根施效果较好。根施：在酸性土壤中，为了中和酸度，可施镁石灰或碳酸镁；中性土壤中可施硫酸镁。根施效果慢，但持续期长。叶面喷施：一般在六、七月份喷 2%～3%硫酸镁三、四次，可以使病树好转。近年来，施用氯化镁或硝酸镁比施硫酸镁效果好。但要注意控制好浓度，以免产生药害。

6．缺铁

（1）缺铁症状。缺铁易引发黄叶病，发病时树冠局部或整株树叶片发黄，幼嫩叶片由黄变白，仅叶脉呈淡绿色；在叶缘形成焦枯坏死斑，发病新梢枝条细弱，节间延长，腋芽不充实。在碱性条件下，因铁元素难以被吸收，发病率高；在雨水较充足的条件下，偏施氮肥，造成新梢生长过旺，铁元素吸收不足，也会表现出缺铁失绿症。缺铁症状从新梢开始就可表现，当新梢停止生长后症状有所减轻。

（2）防治措施。加强肥水管理，多施有机肥，改善土壤结构和酸碱度；根据田间情况，增施磷钾肥、有机肥、微肥；在果树发芽前，对枝干喷施硫酸亚铁 200～300 倍液；在新梢旺长期各喷 1 次硫酸亚铁 300 倍液或喷二乙胺四乙酸合铁

100～500 倍液。

7．缺硼

（1）缺硼症状。缺硼在苹果、梨上均表现为缩果病，苹果缺硼时果面凹凸不平，果实变畸形，皮下果肉组织变褐、坏死或呈松软海绵状，果肉变苦。鸭梨缺硼时，果实上形成数个凹陷病斑，凹陷部位皮下组织木栓化，严重影响果实发育，最终形成猴头果。在偏碱性土壤上发病较高，同时在干旱贫瘠的山坡地和低洼地易发病。

（2）防治措施。加强肥水管理，增施有机肥，保证果园墒情良好，搞好果园水土保持工作；春季根施硼肥，根据果树大小，结合施基肥，每株施入硼砂 0.15～1.5kg；在花前、花期和花后各喷 1 次硼砂 200～300 倍液。

8．缺锌

（1）缺锌症状。缺锌在苹果、梨树上均可导致小叶病，表现为：春季发芽晚，叶片狭小，呈淡绿色；新梢节间缩短，使叶片在其顶部簇生呈莲座状。病树不易形成花芽，坐果率低。土壤呈碱性或含磷量较高、偏施氮肥或土壤干旱、缺乏有机质、微量元素不平衡等均可引起缺锌症。

（2）防治措施。增施有机肥，改良土壤；春秋季施基肥，每株大树混施 0.5～1kg 硫酸锌；发芽前喷一次硫酸锌 100～200 倍液，展叶后喷一次硫酸锌 500 倍液。

9．缺锰

（1）缺锰症状。梨树缺锰时表现为叶脉间失绿，叶脉为绿色，即呈现肋骨状失绿。这种失绿从基部到新梢都可发生（不包括新生叶），一般多从新梢中部叶开始失绿，向上下两个方向扩展。叶片失绿后，沿中脉显示一条绿色带。土壤中的锰是以多种形态存在的，在有腐殖质和水时，呈还原型，为可给态；土壤为碱性时，使锰呈不溶解状态，常可使梨树表现缺锰。土壤为强酸性时，常由于锰含量过多而造成果树中毒。春季干旱易发生缺锰症。

（2）防治措施。叶面喷施硫酸锰，叶片生长期，可喷3次硫酸锰0.3%溶液；枝干涂抹硫酸锰溶液，可以促进新梢和新叶生长；土壤施锰，应在土壤含锰量极少时进行。一般将硫酸锰混合在其他肥料中施用。

（四）梨树施肥技术

梨树施肥应多施有机肥，控制氮肥，增加磷、钾肥，增加追肥用量。施肥一般分底肥（秋季采果后马上进行）、开花前追肥和果实膨大期追肥，施肥比例按 1∶0.5∶1 的比例施入；磷肥作基肥一次施入，钾肥分两次施用；施基肥时施60%、施膨果肥时施 40%。合理施用硼、锌、铁等微量元素肥料。提倡施入梨树专用配方肥。

1. 施肥时期及施肥数量

梨树的施肥应以基肥为主。最好的基肥施用时间为秋季，在果实采收后进行。施肥后的断根伤口较易愈合，并且起到一定的根系修剪作用，促进了新根的萌发，有利于养分的吸收积累。追肥的施用时间因树势的不同而有一定的差异，一般在 2 月中旬芽萌动前施花前肥，6 月上旬施壮果肥；同时，结合病、虫害防治。

（1）幼树施肥。一般梨树在幼树时期，依据树体的大小，每亩施氮肥为 5～10kg、磷肥 2～3kg、钾肥 2.5～3.5kg。

（2）结果树施肥。根据不同目标产量水平，确定氮、磷、钾肥施用量。

① 目标亩产量在 2000kg：施氮肥 18.4～22.1kg、磷肥 12kg、钾肥 19.5～22.5kg。

基肥（采果后进行）：亩用人畜粪水 6500kg、氮 9.2～11 kg、磷 12kg、钾 13～15kg；花前追肥：氮 3.7～4.6kg；膨果期追肥：氮 5.5～6.0kg、钾 7.5kg。

② 目标亩产量 2500kg：施氮肥 21.2～24.4kg、磷肥 14.4kg、钾肥 21～25kg。

基肥（采果后落叶前）：每亩用人畜粪水 8000kg、氮 10.6～12kg、磷 14.4kg、钾 14～16.5kg；花前追肥氮 4.1～5.1kg；膨果期追肥氮 6.5～7.3kg、钾 7～8.5kg。

2. 施肥方法

（1）土壤施肥。底肥采用条沟状施肥的方式，追肥采用穴施的方法，一般在树冠滴水线附近开沟 40～50cm 深或挖穴 20～30cm 深，施肥时要求灌足水并覆土，以提高肥效，减少肥料损失。

（2）叶面喷施。盛花期喷施一次浓度为 0.3%～0.4%的硼砂水溶液，以提高坐果率。喷施 0.2%的硫酸锌、0.3%～0.5%的硫酸亚铁与 0.3%～0.5%的尿素混合液防治叶斑病、小叶病和梨树黄叶。

第六节 特色中药材施肥实用技术

2011 年四川中药材总产量达 39.5 万吨。“十二五”期间，重点建设道地川芎产区、道地麦冬产区、道地金银花产区等 12 大优势区域。我省中药材品种多，这里重点介绍川芎、麦冬、金银花施肥实用技术。

一、川芎施肥实用技术

（一）川芎特点及习性

川芎（Rhizoma Chuanxiong）为四川地道药材，为伞形科（Umbelliferae）植物川芎（*Ligusticum chuanxiong* Hort.）的干燥根茎，供药用。主产于四川省什邡、都江堰、崇州、彭州、新都等县（市），栽培历史悠久，药材质量最佳，驰名中外。但因农户栽培技术掌握不好，大多产量不高。

川芎是浅根性植物，喜温暖湿润，怕暴热、高温，较耐寒。在年平均气温 15℃左右，极端最高气温 34℃，极端最低气温 5℃，年降水量 1200mm，平均相对湿度 80%左右的条件下生长良好。喜土层深厚、疏松肥沃、排水良好、中性或微酸性的砂质壤土，生产上主要采用无性“苓子”繁殖。

（二）川芎需肥规律

川芎根系较浅，表层土壤需具有充足的养分，生长前期应及时、多次追肥，促使绿色部分早长旺长，以增加根茎内同化产物的积累量，为第二年的生长提供物质基础。川芎喜有机肥，对氮素肥料敏感，栽种时应注意加施氮肥并配合施用磷肥、钾肥。

（三）川芎施肥技术

1．土壤选择

应避免连作田块，宜选择两年以上未种过川芎，且地势向阳，土层深厚肥沃，排灌方便，中性或微酸性土壤种植。

2．施肥存在的主要问题

有机肥投入数量不足，农户用肥量差异较大，施肥比例与分配时期不合理；氮、磷、钾施用量、施肥比例与配合时期不合理；中、微量元素缺乏。

3. 施肥建议

增施有机肥，优化氮磷钾肥用量和施用时期，适当补充中、微量元素。

（1）施肥数量

亩施腐熟的优质农家肥1000～2000kg。在此基础上，目标亩产150～200kg（干川芎），亩施氮（N）8～10kg、磷肥（P_2O_5）7～8kg,、钾肥（K_2O）8～9kg；目标亩产200～250kg，亩施氮（N）10～12kg、磷肥（P_2O_5）8～9kg、钾肥（K_2O）9～10kg；目标亩产250kg以上，亩施氮（N）12～15kg、磷肥（P_2O_5）9～10kg、钾肥（K_2O）10～12kg。

（2）施肥时间

种肥应以农家肥为主，栽种后每亩用细渣肥混合草木灰（300～350kg）盖住苓子的节盘，然后在厢面再盖一层稻草，既还田又达到保湿、减轻杂草危害、防止暴雨将土壤淋板结的目的。

第一次追肥。白露前、栽后半个月左右、苗子二叶一心时，施用氮肥总量的2%左右，并用400～600kg猪粪水兑水追施提苗肥。

第二次追肥。栽后一个月左右（秋分前后），正处于生长盛期，施用氮肥总量的45%左右，磷肥总量的60%～70%（主要是复混肥或磷铵等速效性磷），钾肥总用量60%～70%。

第三次追肥。霜降前（10月下旬），施用氮肥总量的45%左右，磷肥总量的30%～40%，钾肥总用量30%～40%，亩用堆渣肥1000～1500kg盖窝。

第四次追肥。开春后2月底至3月上旬，视苗情施用余下的氮肥（约占氮肥总量8%左右），并于叶面喷施0.2%磷酸二氢钾或腐殖酸类肥料。

在立春后根据川芎长势情况，可酌情追施一次以农家肥为主的早春肥。

（3）施用方法

有机肥多在越冬前撒施盖窝；化肥多作追肥，兑水或人畜粪尿施用；中微量元素和水溶性肥料采用根外喷施。

二、金银花施肥实用技术

金银花（Flos Lonicerae）为忍冬科植物忍冬（*Lonicera japonica* Thunb.）、红腺忍冬（*Lonicera hypoglauca* Miq.）、山银花（*Lonicera confusa* DC.）或毛花柱忍冬（*Lonicera dasystyla* Rehd.）的干燥花蕾或初开的花，夏初花开放前采收，干燥后药用。

（一）金银花需肥特性

氮、磷、钾肥对金银花均有增产作用。与不施肥相比较，施肥可明显提高金银花中绿原酸和木樨草素苷含量，其中氮、磷、钾肥配合施用效果最佳。由于金银花一年数次开花，所以应注意多次施肥，并配合根外追肥，这样不仅提高了药材的产量，也能保证产品质量。

（二）施肥存在的主要问题

有机肥投入数量不足，化肥施用重氮轻磷钾的情况比较普遍，施肥时期和用量比例分配不恰当。

（三）施肥建议

注重施用有机肥，推广秸秆腐熟就近还田，解决农家肥不足和劳动力缺乏的问题；优化氮磷钾肥施用比例、施用量，产量和质量并重；改进施肥时期和施肥方法，提高肥料利用率。

1．施肥量及养分比例

1～2 年生幼树以施氮肥为主，配合适量磷、钾肥施用。亩施氮 9kg、磷 4.5kg、钾 4.5kg，氮磷钾施用比例为 1∶0.5∶0.5；3 年及以上成年采花树，在增加化肥用量的基础上，适当提高磷肥比例，保证叶、花的产量和质量。亩施氮 12kg、磷 8kg、钾 10kg，氮磷钾施用比例为 1∶0.7∶0.8。

2．施肥时间

1～2 年生幼树分 3 次施肥。第一次在 2 月中旬至 3 月上旬施用，用量占 40%；第二次在 6 月份下旬至 7 月上旬施用，用量占 30%，挖穴亩追施腐熟农家肥 500～600kg；第三次 10 月份至 11 月份施用，用量占 30%，亩施腐熟农家肥 1000～1200kg。推荐使用配方肥。

成年采花树分 4 次施肥。第一次在 2 月份萌芽前施用，用量占 40%；第二次在采摘花后施用，用量占 30%；第三次在采摘二花后施用，用量占 20%；第四次施基肥，在 10 月下旬至 11 月上旬施用，用量占 10%，亩追施腐熟农家肥 1300～1500kg。具体使用量根据树势、采花量酌情增减。推荐使用配方肥。

3．施肥方法

一是肥料要适当深施。新建园地，底肥的施肥深度要求在 30cm 以上；基肥施肥深度要求在 20cm 左右；生长季节追肥，施肥深度要求在 10cm 左右，提高肥料利用率，严禁表层撒施。二是注重叶面追肥。尤其是在土壤干旱、根系吸收能力较差或补充微量元素时，叶面施肥效果较好。喷施时，要掌握好浓度和施用时间，采花前 20 天严禁施用。注意高温引起的水分蒸发、液浓度加大而使叶片受药害，或喷后下雨冲洗而效果不佳。

（1）环状沟施肥法。在金银花花墩外围挖一环形沟，沟深 30～50cm，沟宽 20～40cm，肥、土按 1∶3 的比例混合回填，然后覆土填平。

（2）条沟施肥法。在金银花行间（或隔行）挖一条宽 50 厘米，深 40～50 厘米的沟，肥、土混匀，施入沟内，然后覆土。这种方法施肥比较集中，用肥经济，但对肥料要求较高，需要充分腐熟，使用前还要捣碎。

（3）全园撒施法。将肥料均匀撒在金银花行间，然后翻入 20 厘米左右深的土壤内，整平。这种方法对肥料要求不严格，未腐熟及半腐熟的粗制肥料均可，但应撒施均匀，避免集结。

（4）叶面喷施。在金银花的萌芽、展叶、每茬花前见有花芽分化时进行叶面喷肥。常用的肥料种类和浓度分别为：尿素 0.2%～0.3%、磷酸二氢钾 0.2%。另外，也可根据土壤缺素情况补充一些微量元素，施用参考浓度为：硼砂和硫酸镁 1%、硫酸锰和硫酸铜 0.05%～0.1%、硫酸锌和硫酸亚铁 0.1%～0.4%。追肥时间宜在早晨或傍晚进行，喷洒部位应以叶背为主，间隔时间以 7 天左右为宜。

三、麦冬施肥实用技术

1. 麦冬特点及习性

四川是麦冬的主产地之一。麦冬为百合科沿阶草属植物（Ophitopogin japonicum（L.f）Ker.-Gawl.），为多年生草本植物，成丛生长，高 30cm 左右，叶丛生，细长，深绿色，形如韭菜；花茎自叶丛中生出，花小，淡紫色，形成总状花序；果为浆果，圆球形，成熟后为深绿色或黑蓝色；根茎短，有多数须根，在部分须根的中部或尖端常膨大成纺锤形的肉质块根，即为药用的麦冬。

麦冬喜温暖和湿润气候，四川麦冬主产区年平均气温都在 16～17℃之间，年降雨量在 1000mm 以上。稍耐寒，冬季-10℃的低温下植株也不会受冻害，但生长发育受到抑制，影响块根生长。在常年气温较低的山区或华北地区，虽亦能生长良好，但块根较小而少。宜稍荫蔽，在强烈阳光下，叶片发黄，对生长发育不利。但过于荫蔽，易引起地上部分徒长，对生长发育也不利。干旱和涝洼积水对麦冬生长发育都有显著的不良影响。宜土质疏松、肥沃、排水良好的壤土和沙质壤土，过沙和过黏的土壤，均不适于栽培麦冬。忌连作 3 年及三年以上，需隔 3～4 年才能再种。别名：麦门冬。

2．麦冬需肥特性

麦冬生长期长，需肥量大，除了底肥外，还需要追肥。一般每年 5 月开始，结合松土追肥三、四次，肥种以农家肥和有机肥为主，配施少量复混肥料。追肥选择在春秋两季块根膨大、大量分蘖的时期，氮肥不宜太多，主要施磷肥和钾肥，注意要施入一些钙肥。

3．施肥建议

麦冬喜湿润土壤，需水量较大，栽植后应立即淹灌一次，栽植后至返青期不能缺水。块根膨大期也应保持充足水分，其余时期田间也应保持土壤湿润状况，不受干旱。施用底肥时结合施用充分腐熟的有机肥。

（1）施肥数量及施肥时间

亩用 40%配方肥 50～70kg 作底肥；8 月上中旬，亩用 40%配方肥 50～70kg 作追肥；9 月上、中旬亩用 40%配方肥 70kg 作追肥。

（2）施肥方法

① 底肥。每亩施用底肥型配方肥 50～70kg，或氮肥 17～25.5kg、磷肥 12kg 作底肥，腐熟油枯 50～100kg，腐熟的猪、牛圈肥或堆渣肥 1.5m^3，在整地时均匀撒施，做到底肥深施，全层施用，土肥混合，有机肥与无机肥配合施用。

② 追肥。第一次追肥在玉米收获后的 8 月份施用，每亩用果配方肥 50kg，或亩施氮肥 14.4kg、钾肥 12kg，在麦冬叶片上露水干后均匀撒施，施肥后立即灌水；第二次追肥在第一次追肥后 20 天左右的 9 月份施用，每亩用配方肥 35～70kg 或氮肥 4.8kg、钾肥 9kg，均匀撒施后立即灌水；于 12 月中下旬至 1 月份进行叶面喷施磷酸二氢钾一两次，每次亩用 2.5kg 兑水 50 倍，间隔 10 天后可喷第二次。

参 考 文 献

[1] 浙江农业大学. 作物营养与施肥. 北京：中国农业出版社，1998
[2] 涂仕华. 常用肥料使用手册. 成都：四川科学技术出版社，2011
[3] 尚洪海，姜波，刘长阁. 水稻营养元素缺乏症状及解决对策. 现代化农业.2007（9）：16
[4] 杨明华，王占奎. 作物缺素症的鉴别. 现代农业科技. 2010（8）：122
[5] 于成军，张玲. 小麦缺素症状及防治方法. 现代化农业. 2009（7）：14～15
[6] 陆景陵，陈伦寿. 植物营养失调症彩色图谱. 北京：中国林业出版社，2009
[7] 马国瑞，石伟勇. 农作物营养失调症原色图谱. 北京：中国农业出版社，2001
[8] 魏杰，张道贵. 浅谈茶园施肥[J]. 茶叶科学技术，2008（3）：48～49
[9] 向勤锃，刘德华. 茶树富铝的研究进展及展望[J]. 茶叶通讯，2003（2）：33～33
[10] 韩文炎，李强. 茶园施肥现状与无公害茶园高效施肥技术[J]. 中国茶叶，2002（6）：29～31
[11] 李磊. 不同肥料处理对茶树生长和茶叶品质的影响

[D]．山东农业大学，2010
[12] 宋红霞．不同有机肥处理对茶园土壤——茶树生长及茶叶品质的影响[D]．西北农林科技大学，2011
[13] 严有明．无公害茶叶施肥技术[J]．茶叶科学技术，2004（4）：27
[14] 姚元涛，宋鲁彬，田丽丽．茶树钙素营养研究进展[J]．落叶果树，2011（2）：37～39
[15] 马国瑞，石伟勇．蔬菜营养失调症原色图谱．北京：中国农业出版社，2001
[16] 马国瑞，石伟勇．果树营养失调症原色图谱．北京：中国农业出版社，2001
[17] 刘崇群．主要作物缺硫的诊断．南京：国际硫研究所．1998